数码单反 全攻略
婚礼摄像

曹 照◎编著

人民邮电出版社
北京

图书在版编目（CIP）数据

数码单反婚礼摄像全攻略 / 曹照编著. -- 北京：人民邮电出版社，2016.7（2016.11 重印）
ISBN 978-7-115-41481-6

Ⅰ. ①数… Ⅱ. ①曹… Ⅲ. ①数字照相机－单镜头反光照相机－摄影技术 Ⅳ. ①TB86②J41

中国版本图书馆CIP数据核字(2016)第018384号

内 容 提 要

本书对摄像知识、婚礼流程和相机的操作技巧进行了详细解说，以解广大婚礼摄像从业者的燃眉之急，使其能够快速掌握专业技能，进入专业摄像师的行列。

书中理论与实践相结合，针对婚礼摄像的特点讲解器材操作技法和构图用光知识，以实际拍摄的影片为例，详细说明婚礼摄像的拍摄流程及各个环节的拍摄方法，使读者全面掌握婚礼摄像的各项技能，并将其应用于摄像工作中。另外，本书还涉及了婚礼微电影的制作内容，使读者的视野更开阔，知识面更丰富。

本书适合从事婚礼摄像行业或即将进入此领域的从业者阅读，也可作为摄像爱好者或初学者的参考用书。

◆ 编　著　曹　照
　　责任编辑　杨　璐
　　责任印制　陈　犇

◆ 人民邮电出版社出版发行　　北京市丰台区成寿寺路 11 号
　　邮编　100164　　电子邮件　315@ptpress.com.cn
　　网址　http://www.ptpress.com.cn
　　北京方嘉彩色印刷有限责任公司印刷

◆ 开本：787×1092　1/16
　　印张：12.75
　　字数：345 千字　　　　　　　　　2016 年 7 月第 1 版
　　印数：2 501-3 700 册　　　　　　2016 年 11 月北京第 2 次印刷

定价：69.00 元
读者服务热线：(010)81055410　印装质量热线：(010)81055316
反盗版热线：(010)81055315

前言
PREFACE

在我国，婚礼摄像虽然早已兴起，其蓬勃发展却是最近几年的事情。随着行业的进步，婚礼摄像的技术和理念日趋成熟，并逐渐成为新兴行业，其拍摄流程越来越规范，技术含量也越来越高，这就对从业人员提出了更高的要求，即需要经过专业的训练。婚礼摄像不再是业余水平的普通人所能胜任的了。

现如今，"微电影"已悄然兴起。如果你拥有一台高清视频功能的单反相机，再加上专业的拍摄技术，即可拍出美轮美奂的影片。相比于专业摄像机，具备高清视频录制功能的单反相机同样能够胜任短片录制的工作，而其成本相对而言更能被大多数人接受，并且用其录制婚礼视频更是如鱼得水。因此，用数码单反相机拍摄婚礼视频已被大多数从业者所采用。

对于大多数婚礼摄像从业者而言，购买到一部具备短片录制功能的数码单反相机很容易，但对相机的操作是需要学习的。本书针对婚礼摄像从业者的需求而编写，书中对摄像知识、婚礼流程、相机的操作技巧和影片后期制作进行了详细解说，以解广大婚礼摄像从业者的燃眉之急，使其能够快速掌握专业技能，进入专业摄像师的行列。

本书理论与实践相结合，针对婚礼摄像的特点，讲解器材操作技法、构图用光知识技巧，以实际拍摄的影片为例，详细说明婚礼摄像的拍摄流程及各个环节的拍摄方法，使读者能全面掌握婚礼摄像的各项技能，并将其应用于摄像工作中。另外，本书加入了婚礼微电影的制作内容，使读者的视野更开阔，知识面更丰富。

本书分为四大部分。

第一部分：介绍婚礼摄像和专业人士应具备的素养。

第二部分：详细讲解摄像器材及其使用方法。

第三部分：细致说明婚礼摄像中的分工安排和工作流程，并通过实例详细说明婚礼进行中各个环节的操作事项。

第四部分：详细说明微电影的种类、拍摄流程和操作事项。

本书适合从事婚礼摄像行业或即将进入此领域的从业者阅读，也可作为摄像爱好者或初学者的参考书。

最后，十分感谢摄影师赵楠老师及其MX团队所给予的大力支持，其为专业的婚礼策划、摄影、摄像团队，获奖众多，本书所采用的图像及短片案例均由其提供，再一次表示感谢！

作者

2016年2月10日

目录
CONTENTS

第1章　婚礼摄像简介

第2章　成为婚礼摄像师

第3章 熟练掌握机器及辅助设备

第4章 摄像师必须掌握的技巧

第5章　摄像人员的专人专项

第6章　婚礼拍摄前期准备及后期流程

第7章　开拍——掌握基本流程

第8章　创新求变——灵活运用你的拍摄技法

第9章　微电影的种类及其制作的完整流程

第 1 章

婚礼摄像简介

10条职业感悟　　　　这几点很重要　　　　要了解这些术语背后的含义　　　　处理影片的软件一定要掌握

1.1　10条职业感悟

正所谓行行出状元，无论从事哪种行业，除了敬业，更应该热爱我们所从事的行业。对于婚礼摄像而言，对职业的热爱会使我们的摄像作品带有一份真情，使影片洋溢着暖暖的祝福，而这对于婚礼摄像而言无异于瑰宝，会使影片更加完美。下面总结了10条职业感悟，希望能够给即将从事婚礼摄像的朋友们带来一些启发。

1. 我们与新人一同分享甜蜜

婚礼是一对新人婚姻生活的开始，是宣告于世的仪式，是组建家庭的爱情宣言。由此可见，婚礼并不是一件简单的事情，其功能和意义深厚。而贯穿于这一仪式的线，则是爱和祝福。拍摄者的心态能为影片注入灵魂，作为摄像师，如果不能感受到这些，无法融入到这一情绪之中，而仅作为一名旁观者，可能会影响影片意境的表达。因此，摄像师应设身处地为新人感到高兴，捕捉那些幸福的画面。再实际一些，即发现婚礼现场缺少欢乐的元素时，应设法营造甜蜜的氛围，使影片更完美。

⬥ 身心融入其中，会使作品自然而然地散发出幸福的味道

2. 要有一颗年轻的心

虽然步入婚姻殿堂的并不一定都是年轻人，但是其所占比例却是很高的。对于摄像师而言，拥有一颗年轻的心，能够与新人及其朋友形成共鸣，达到心灵的相通，会帮助我们准确预判，提高捕捉精彩画面的效率。因此，拥有一颗年轻的心并不只是简单的口号，而是实实在在需要具备的能力！

⬥ 拥有一颗年轻的心，会提高我们捕捉精彩情节的敏锐度

3. 提升自身修养很重要

　　这是一个大的课题。摄像是创意的集合，而创意又体现着一个人的智慧、职业素养、审美和人生的历练。说白了，脑子里有东西，你才能把它表现出来。正所谓厚积薄发，而如果你所积累的知识有限，那么所表现出的东西也就可想而知了。灵感是思维的闪现，是经验的积累，虽然，灵感并不总是如影随形，但它却需要生存的土壤。因此，要想使作品表现出色，就需要提升自身的修养。

🔺 深厚的艺术修养会带给我们灵感

4. 和同事协同作战

　　婚礼摄像不是一个人能摆平的事，尤其是在有多机位、多个场景的拍摄任务中，更需要团队中成员之间的沟通和协作。因此，我们要清楚自己在团队中的作用，不仅要熟记自己的拍摄任务，还要让同事了解，并且知道同事的拍摄任务，以便达成工作上的默契，确保整个拍摄工作的顺利完成。

▶ 两个摄像师工作的画面

○ 5. 想到最前头才能随机应变

"明者远见于未萌"，意思是说，聪明的人会预计出将要发生的事情并做好相应的准备。因此，对事件预判的准确性是随机应变的前提。在婚礼的行进过程中，会出现很多不确定因素，这些因素可能会造成一些意外，而这些意外如果不能预先做出判断，将会影响我们的拍摄工作。因此，想到最前头才可以随机应变。

▲ 摄像师提前预料到，因此提前做好抓拍准备，捕捉到的精彩画面

○ 6. 视频剪辑会使你的电影更出众

在婚礼现场录制的视频是第一手资料，它就如同待打磨的原石，要想使其表现得最美，将其真正的价值发掘出来，还需要精雕师的精工细刻。因此，视频的剪辑工作至关重要，它能使视频变得更耐看。

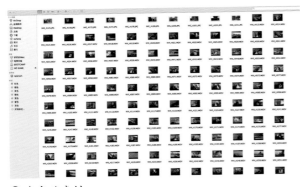

▲ 丰富的素材

▲ 将丰富的素材剪辑成半个小时的影片，其精彩程度可想而知

○ 7. 将你的灵感付诸实践

　　灵感对于从事艺术创作的我们而言，如同生命之于水，因而如何利用灵感，并将其转化为艺术是摄像师应具备的能力。而如何将灵感付诸实践是需要有清晰的思路和实用的手段的。如何在随时都可能有新情况发生的婚礼拍摄工作中将闪现的想法付诸实践更是考验我们能力的时候：不能搞砸、不能画蛇添足、不能失败，只能成功！

◐ 摄像师拍摄镜中影像，既避免打扰到化妆师的工作，又使画面更具纪实性，也使新娘在画面中更突出

○ 8. 多向大片学习

　　在视觉艺术繁盛的今天，对视觉艺术的认知和对艺术表达的手法已被大多数人所熟知。因此，如何保证视频的制作水准是个很严峻的现实问题。只有多向优秀的电影学习，了解其创作手法和理念，才能跟上时代的步伐，才会立于不败之地。

哦 我们收到了一封婚礼邀请函

◐ 看电影的时候可不能光是傻傻地看哦，还要看门道

9. 实践是积累经验的唯一标准

所谓"纸上得来终觉浅，绝知此事要躬行"，多多地练习，多多地参加拍摄，只有在拍摄实践中才能摸索出属于你的独特手法。婚礼是在一天之内完成的，而这一天是新人一生的纪念，其意义的重大，拍摄的难度可想而知。因此，台上一分钟，台下十年功，需要摄像师提前做功课，做好十二分的准备，在拍摄时要随机应变，捕捉到那些珍贵的画面，将短暂变为永恒。

🔺婚礼摄像需要过硬的基本功（摄像师稳定持机进行追拍）

10. 培养你的导演才能

这里所说的"导演才能"，是指摄像师应备具掌控现场的能力，能够随机应变，包括与现场中的贵宾、拍摄人员的沟通，适时调节现场氛围，从而得到想要的画面。另外，心中存有全局，才能使摄像内容更接近主题，使局部的影片录制更合拍。

🔺摄像师在拍摄中指导新人拍摄

1.2 这几点很重要

在婚礼中，除了计划中的流程，还可能会有很多意想不到的细节、情况发生，作为摄像师，除了需要具备拍摄技能，还需要谨记以下几点。

1.2.1 婚礼摄像师的责任重大

对于每一对新人而言，婚礼是他们一生的大事，由此可见，婚礼摄像师的责任是多么重大！与此同时，我们也对从事这一美好、神圣的职业而感到自豪。因此，做好本职工作，对摄像技艺的精益于精、对情绪的细腻传达，记录下新人甜蜜的画面是我们的责任。

1.2.2 需要记录的画面有很多

在婚礼摄像中，不能只拍摄新人，试想一下，整个影片中只有新人，该是多么乏味！要拍摄的是婚礼，是在婚礼中大家都在做什么，是新人、宾朋聚在一起，大家在婚礼活动中的所作所为，表现欢乐、喜庆、庄严的氛围！

⬥ 必不可少的场景之一：**新郎与父母**

⬥ 必不可少的场景之一：**新娘与父母**

⬥ 必不可少的场景之一：**迎亲的车队**

⬥ 必不可少的场景之一：**撞门**

▲ 必不可少的场景之一：**婚礼仪式**

▲ 必不可少的场景之一：**宾朋**

▲ 必不可少的场景之一：**婚誓**

▲ 必不可少的场景之一：**新郎与新娘**

▲ 必不可少的场景之一：**喜宴**

1.2.3　器材的作用举足轻重

　　在婚礼摄像中，器材的作用是显而易见的。所使用的录制器材的种类不同，其操作方法、影片的格式、影片大小都会有所不同，进而影响到拍摄计划的制订。因此，事先选择好合适的机身和镜头是至关重要的。另外，器材的性能、存储卡、电池的准备工作也很重要，存储卡的存储量不够或者电池电量不足都可能会影响整个影片的完整度，甚至还可能会使整个影片录制失败！因此，一定要做好器材的准备工作，以使拍摄万无一失。如根据拍摄需要多准备2枚电池以应对特殊情况，准备足够的存储卡，为存储卡编号并统一存放存储卡的位置，会使拍摄有序进行。

○ 不同的相机结构，其使用、操作方式是不相同的

▲ 佳能EOS 7D Mark Ⅱ相机的正面、背面、顶面结构

▲ 尼康D750相机的正面、背面、顶面结构

○ 根据使用的相机来配备镜头

▲ EF-S镜头　　　　　　　▲ EF镜头　　　　　　　▲ 尼康相机需要选择尼康卡口和具备自动对焦功能的AF-S镜头

▲ 佳能相机需要使用EF卡口的镜头，而且要根据机身画幅来确定安装镜头的卡口，全画幅相机一定要使用EF卡口镜头

▲ 在拍摄的前一天，一定要检查好器材

▲ 多准备几枚电池和存储卡是有益无害的

1.3 要了解这些术语背后的含义

摄像师需要掌握很多专业术语，否则会导致在操作相机、设置参数、使用影片编辑软件处理影片时不明所以，进而影响到影片的录制和编辑。下面，就来了解一下几项最为常用的名词。

1.3.1 分辨率

影片是由无数张连续图像快速播放得到的，每一张静止的图像是一帧，快速连续地显示帧就形成了运动画面。这里所说的分辨率，是指构成影片的每一张图像的像素数，即帧大小。如分辨率为640像素×480像素的影片，其横向的像素数为640，竖向的像素数为480。影片的分辨率越高，画质越清晰细腻，文件所占的存储空间也就越大。

每一帧都是静止的图像

单帧图像的分辨率越高，画质越优异

1.3.2 帧速率

帧速率也被称为FPS（Frames Per Second的缩写），即帧/秒。是指每秒钟刷新的图片的帧数，也可以理解为图形处理器每秒钟能够刷新几次。帧速率越高越可以得到更流畅、更逼真的动画效果。一部影片的画面刷新率达到或超过24帧/秒，动画效果就很流畅了。

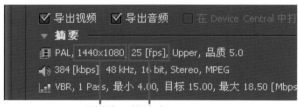

分辨率　帧速率

▲ 在影片编辑完成后，生成影片时的设置显示

分辨率　　　　帧速率

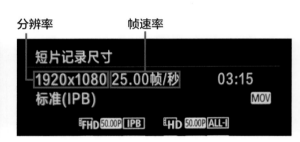

▲ 佳能EOS 7D Mark Ⅱ相机中"短片记录尺寸"的设置界面

1.3.3　扫描方式

扫描方式是在显示设备上表示运动图像的方法，其有两种模式——隔行扫描和逐行扫描。

隔行扫描：扫描设备交替扫描偶数行和奇数行，在PAL制式和NTSC制式中，都是先扫描奇数行，即奇数场。摄像机采集的方式和隔行扫描显示的方式是完全相同的。当摄像机采集图像时，偶场和奇场不是同时采集的。

逐行扫描：将每帧的所有像素同时显示，常被用在计算机显示器上。一般显示器的扫描方法都是从左到右、从上到下，每秒钟扫描固定的帧数（称为帧率，如60帧/秒）。

在当代的显示器和电视中，由于非隔行扫描显示的刷新率的提高，使用者已经不会再感觉到闪烁现象，因此，隔行扫描技术将逐渐被取代。

1.3.4　画面比例

画面比例是指图像的长、宽比。影片的尺寸不同于照片，其比例大多设置为16：9。画面的横向要远远大于纵向，更利于情节的展现，但也限制了高度的表现，尤其在表现人像特写时，要特别注意构图。

◎ 佳能EOS 7D Mark Ⅱ相机正在进行短片录制，其画面比例为16：9

1.3.5　压缩

这里所说的"压缩"是指降低文件的数据速率和文件存储容量。拍摄图片和视频时都会使用压缩，能在维持文件质量的前提下尽可能地减小文件存储容量。图片、视频或者音频素材使用的压缩方式被称为编码。编码是压缩/非压缩的简称。相机和后期编辑系统都会使用到编码。下面我们来了解一下压缩的术语，其能帮我们更好地了解压缩。

○ 压缩比

压缩比指的是采用某种压缩方式后，图片、视频、音频素材的数据速率或文件存储容量和原始素材的比例关系。如文件大小为1GB的原始文件通过编码被压缩到100MB，其编码的压缩比是10:1。

○ 有损压缩

有损压缩是指文件经过压缩后会损失一些图像、视频或者音频文件中的信息。有损压缩比较复杂，其需要平衡质量、数据速率、文件存储容量和色彩深度等，几乎每种视频压缩模式都是有损的。有的视频压缩模式可以达到超过100:1的压缩比。在视频中的压缩主要有两种情况，即拍摄记录视频和音频时的压缩编码。在记录视频时，佳能数码单反相机使用H.264编码，而尼康则使用Motion JPEG编码。还有一种压缩是指在采集和编辑视频文件时使用的压缩编码。也就是说，我们在采集的时候可以使用一种编码，而在编辑视频的时候可以使用另外一种编码。

○ 无损压缩

无损压缩是指输入怎样的编码就输出怎样的编码。也就是我们拍摄的视频文件在经过压缩后不会发生任何改变。无损压缩最常见的工作方式是使用我们称为行程编码的算法。无损压缩编码主要用于保存文件，其压缩比率很低，通常不超过2∶1。

1.4 处理影片的软件一定要掌握

在婚礼现场录制好视频后，需要经过影片编辑软件的加工，去芜存菁，将其剪辑成成品影片。因此，我们还需要掌握影片编辑软件的使用方法。下面，就来认识一下几种常用的影片编辑软件。

1.4.1 Adobe Premiere

Premiere Pro是一款常用的视频编辑软件，由Adobe公司推出，是一款编辑画面质量比较好的软件，有较好的兼容性，且可以与Adobe公司推出的其他软件相互协作，被广泛应用于广告制作和电视节目制作中。Premiere Pro是专业人士必不可少的视频编辑工具，易学、高效，其提供了采集、剪辑、调色、美化音频、字幕添加、输出、DVD刻录等一整套流程。

▲ Adobe Premiere Pro CS6

▲ Adobe Premiere Pro CS6操作界面

1.4.2　会声会影

　　会声会影是一款功能强大的视频编辑软件，支持各类编码，包括音频和视频编码，简单好用。具有图像抓取功能，能够转换MV、DV、V8、TV文件和实时记录抓取画面文件，并提供超过100多种的编制功能与效果，可导出多种常见的视频格式，可以将编辑的视频直接制作成DVD光盘。

◐ 会声会影X7

◐ 会声会影X7操作界面

1.4.3　大洋

　　大洋是广播级非编产品，功能强大、操作简便，能够满足SD及HD的应用，是专为影视从业者及行业影视机构量身打造的一款软件。其采用高质量的视频处理技术、专业的时间线剪辑工具、强大的字幕动画创作工具和音频处理模块。大洋有I/O板卡和Montage Extreme非编软件可供选择，视频编辑工作者可以根据需要灵活搭建一个高效、稳定的桌面制作平台。

◐ 大洋软件

● 大洋操作界面

1.4.4 Sony Vegas

Sony Vegas是一款专业的视频编辑软件，其操作简易，不论是专业人士还是初学者都能轻松上手。Sony Vegas具备无限制的视轨与音轨，提供了视讯合成、进阶编码、转场特效、修剪及动画控制等功能。此外，Sony Vegas还可以将编辑好的视频迅速输出为各种格式的影片、直接发布于网络、刻录成光盘或回录到磁带中。

● Sony Vegas软件

● Sony Vegas操作界面

1.4.5 EDIUS

EDIUS具有分辨率选择、无限轨道和实时编辑等功能，广泛应用于广播新闻、纪录片及4K影视制作等领域，具备实时、无需渲染即可编辑的特性。

● EDIUS

● EDIUS操作界面

1.4.6 Final Cut Pro

Final Cut Pro这个视频剪辑软件由Premiere的创始人Randy Ubillos设计，不需要加装PCI卡，就可以实时预览过渡与视频特技编辑、合成和特技。该软件运用Avid系统中含有的三点编辑功能，在preferences菜单中进行所有的DV预置，用软件控制摄像机，可批量采集视频。在Final Cut Pro中有许多项目都可以通过具体的参数来设定，这样就可以达到非常精细的调整。Final Cut Pro支持DV标准和所有的QuickTime格式，凡是QuickTime支持的媒体格式在Final Cut Pro中都可以使用，这样就可以充分利用以前制作的各种格式的视频文件，还包括数不胜数的Flash动画文件。

● Final Cut Pro

● Final Cut Pro操作界面

第 **2** 章

成为婚礼摄像师

了解婚礼摄像的基本流程　　　　了解电影画面语言　　　　从业余走向专业

2.1　了解婚礼摄像的基本流程

对于婚礼摄像而言，拍摄内容和拍摄时段是摄像师必须谨记在心的。一般主流婚礼的重点环节如下：化妆–接亲–撞门–回家–婚礼仪式。亲情、爱情是贯穿始终的主线，要表现这一过程，需要摄像师事先熟悉拍摄对象和地点，及时沟通到位，及时与主办方沟通，了解婚礼环节的时段、参加人数、地点以及天气状况，以便在前期做好拍摄和器材的准备工作，不致临时抱佛脚。

⬤ 提前了解接亲路线，根据环境特点制定拍摄计划

⬤ 根据摄像计划列出器材清单

⬤ 提前了解拍摄现场的构造和光线特点，确定拍摄方案

📷 小提示

提前规划是很有必要的

在拍摄之前，准备的工作至关重要。器材的准备、良好的身体素质、人员的精心安排、出现特殊情况时的补救工作，这些都是拍摄好婚礼摄像的前提。否则，在拍摄现场，一个小小的细节可能就会影响摄制的全程。如电池电量不足，相机临时出现故障，除了影响工作外，还会为客户带来无法用金钱弥补的损失。

⬤ 邀请婚礼中重要成员进行试拍

2.2 了解电影画面语言

　　画面是电影语言的基本元素，表演、场景、照明、色彩、化装、服装以及旁白、音响、音乐等都在构成特殊的电影语言方面起了重要作用。由摄像机的运动和不同镜头的组接（剪辑）所产生的蒙太奇构成了独特的电影语言。婚礼摄像师，同样需要了解这些语言的含义，以便于在实际工作中应用。下面，介绍一些常用的电影画面语言和术语。

2.2.1 拉镜头

　　固定好摄像设备（平稳持机，也可使用移动车或滑轨来固定相机），对着人物或景物平稳地向后移动相机，得到由近拉远的画面。在拍摄过程中，相机逐渐远离被摄主体，画面会从一个局部逐渐扩展，使观众视点后移，看到局部和整体之间的联系。

　　在婚礼的实际拍摄中，这种手法是很常见的，如事先对窗上的喜字对焦，然后使用拉镜头来表现喜房内的整体，以此渲染喜庆的氛围。

▲ 拍摄时平稳地向后移动相机

STEP 1 从近处取景

STEP 2 向后平移相机，展示主体与环境的关系

○ 使用拉镜头的常见场景

▲ 在闺房中拍摄时，使用拉镜头增强画面的趣味性

2.2.2 推镜头

固定好摄像设备（平稳持机，也可使用移动车或滑轨来固定相机），对着被摄主体向前推近拍摄。随着相机向前推进，被摄主体在画面中逐渐变大，将观众的注意力引导到所要表现的部位。推镜头的作用是突出主体、描写细节，使所强调的人或物从整个环境中突显出来，以加强其表现力。推镜头可以连续展现人物动作的变化过程，逐渐从形体动作推向脸部表情或动作细节，有助于揭示人物的内心活动。

STEP 1 推近镜头之前的画面

STEP 2 向前平移相机，展示主体细节

○ 使用推镜头的场景

◭ 在表现静物时，通过推镜头更为细腻地表现其细节，强调画面的动态效果

◭ 在拍摄新娘化妆时，采用推镜头表现出由远及近的视觉效果，强化新娘化妆这个主题，并表现出纵深空间感

2.2.3 空镜头

空镜头是将抒情手法与叙事手法相结合，加强影片艺术表现力的重要手段。空镜头又称"景物镜头"，拍摄与

主体人物无关的景与物，用以介绍环境、交代时间、抒发情感、推进故事情节、表达拍摄意图，具有说明、暗示、象征、隐喻等功能，在影片中能够产生借物喻情、渲染意境、引发联想等艺术效果，在时空转换和调节影片节奏方面也有独特的作用。空镜头有写景与写物之分，前者统称为风景镜头，往往用全景或远景表现；后者又称为"细节描写"，一般采用近景或特写。

⬤ 通过空镜头的表现，从侧面反映出婚礼的忙碌

⭘ 适宜使用空镜头的场景

⬤ 当大人都在忙碌时，参加婚礼的小女孩找到了一个好地方

⬤ 工作人员忙碌的身影

⬤ 通过对酒店现场画面的表现，交代婚礼环境

⬤ 通过对酒店外景的表现，交代婚礼环境

⬤ 对签到台空镜头的表现，交代环境细节

⬤ 对甜品台空镜头的表现，交代环境细节

2.2.4 跟镜头

　　跟镜头又称"跟拍"。摄像机跟随运动着的被摄主体拍摄。跟镜头可连续而详尽地表现被摄主体在活动中的动作和表情，既能突出活动中的主体，又能交代主体的运动方向、速度、体态及其与环境的关系，使主体的运动保持连贯，有利于展示人物在动态中的精神面貌。在婚礼摄像中，跟拍是很常见的表现手段，该手法能够使相机与主体的距离保持不变，减少镜头焦距和对焦点调整的频率，使操作更为简便。

▲ 使用跟镜头拍摄的画面

○ 适宜使用跟镜头的场景

▲ 新人步入礼堂

▲ 跟拍新人

▲ 在婚礼典礼开始时，新人牵手步入会场

▲ 根据地

2.2.5 横摇

　　横摇是指相机从左到右或从右到左进行水平移动。通常我们把相机架在带有液压云台的三脚架上进行横摇拍摄，也可以借助摄像师腰部的支撑来完成。横摇镜头可以拍出更大的空间范围，或者在不移动机位的情况下对画面内的主体进行跟拍。

🔺 横摇的画面效果

🔺 横摇

2.2.6 直摇

　　直摇和横摇很类似，相机都是沿着固定轴线运动的，只不过直摇是相机进行上、下方向的运动。

🔺 直摇的画面效果

🔺 直摇

2.2.7 横移

　　横移镜头是指横向移动相机机位拍摄，这种镜头运动也被叫做横推或者平移。为了拍出平稳的运动画面，一般还要给相机配备特殊的稳定装置，如轨道或者稳定器。

🔺 横移的画面效果

🔺 横移

📷 小提示

进行横移拍摄时的多种手法

进行横移拍摄时，可以采用多种形式。手持相机、将相机固定在三脚架上或者使用小斯来固定相机都是不错的方法。

2.2.8 升降运动

升降运动是指在一定空间里上下移动相机机位拍摄。升降运动一般需要使用摇臂或者手柄来操作。

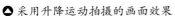

● 采用升降运动拍摄的画面效果

● 升降运动

2.2.9 变焦

变焦有两种情况，一种情况是通过手动调节镜头上的变焦环实现，这样可以不用更换镜头就能灵活改变镜头的焦距；另一种情况是在拍摄中通过变换对焦点来变换要表现的主体。

● 变换焦距

● 在拍摄中通过镜头变换对焦点切换表现主体

● 在拍摄中通过镜头变焦切换画面

2.2.10 合成镜头

合成镜头一般是指采用"合成摄影"方法拍摄的镜头画面。有时也指电影镜头的声画合成。在影片拍摄过程中，画面与声音是分别记录在两个载体上的，直到复制影片时，才将画面与声带合印在一条胶片上。因此，声画俱备的镜头，也称"合成镜头"。

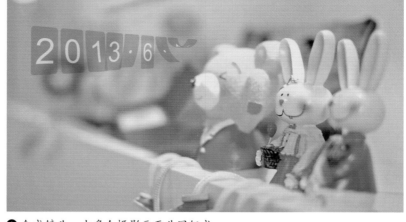

◉ 合成镜头：由多个摄影画面共同组成

2.2.11 声画对列

声画对列是使声音与画面做非同步结合的剪辑手法之一，即以画外的声音推动画面情节的发展，或刻画人物的内心世界，达到声音为画面内容服务的目的。将声音向前或向后位移，即下一个镜头的声音首部，超前进入上一个镜头的画面尾部，或者上一个镜头的声音尾部，滞后延至下一个镜头的画面首部，以构成上下镜头转换得自然流畅或引出某种戏剧效果，也属于声画对列手法。在编辑婚礼录像时，需要在后期配以音乐背景，可通过此手法来过渡画面，使过渡效果自然，更好地渲染画面意境。

◉ 编辑影片时的截图，背景音乐使影片衔接自然

2.2.12 同期录音

同期录音也称"现场录音"，在拍摄的同时进行录音的摄制方式。该手段在婚礼录像中是重要且唯一的录音手段，以强调婚礼的纪实性。

▶ 在拍摄现场进行同期录音

2.2.13　景别

　　景别是指取景范围，其决定着画面空间的表现，也是拍摄者视野的展现。拍摄位置、镜头焦距的不同，会使取景范围不同，画面空间感、构图也会发生改变。由此可见景别对画面的影响是很大的。下面介绍一下在婚礼摄像中常用的景别及其特点。

○ 全景

　　全景指摄取人物全身或场景全貌的电影画面。全景具有较为广阔的空间，可以充分展示人物的整个动作和人物间的相互关系。在全景中，人物与环境常常会融为一体，创造出有人有景的生动画面。全景和特写相比，视距差别悬殊，如果两者直接组接，会造成视觉上和情绪上的大幅度跳跃，获得特有的艺术效果。

▲ 全景取景的画面

○ 特写

　　特写是指拍摄被摄主体的一个局部的镜头。特写镜头是电影画面中视距最近的镜头，因其取景范围小，画面内容单一，可使表现对象从周围环境中突显出来，使其得到强调。特写镜头能表现人物细微的情绪变化，揭示人物心灵瞬间的动向，使观众在视觉和心理上受到强烈的感染。特写镜头与其他景别镜头结合运用，能通过镜头长短、远近、强弱的变化，获得一种特殊的蒙太奇节奏效果。

▲ 以特写取景的画面

○ 中、近景

在婚礼摄像中，中景和近景取景是被应用最多的景别，能够更为细腻地表现人们的动作和事件情节，更能表现出真实、生动、更具戏剧化的画面情节，传递出更为准确的信息，更为直接地抒发情绪，纪实性更强，进而形成与观者的互动。

▲ 中景取景的画面

▲ 近景取景的画面

2.3 从业余走向专业

同样的器材，同样的题材，由不同的人拍摄，会得到不同的效果，作品的优劣，能体现出业余和专业的差距。所谓专业，不在于器材，而在于拍摄者本身能否恰当地使用其所掌握的拍摄技巧，这就好比字写得好不在于笔是一样的道理。所以，拍摄者自身的修养和经验的积累会帮助其提高技艺，从业余走向专业。

2.3.1 摄影师的高下之分——丰富的经验

完美是不容易达到的，而经验可以帮助我们将遗憾减少到最少。分析每一次拍摄的不足，并找到解决方案，使下一次的拍摄更加完美。一次次经验的积累，会使我们的作品日趋完美。

找不足，是我们得到经验的好方法，而能够找到作品的特点，则会帮助我们形成自己的拍摄风格，发现好的拍摄手法，则会提高做事效率，提高作品的品质。

⬆ 找不足：这个场景，如果设置较小光圈，效果是否更好

⬆ 找到好的拍摄方法：使用广角镜头更能突出主体，表现热闹的氛围

📷 小提示

修养的重要性

修养给人的感觉是"虚"的，虽摸不着，却看得见。修养是通过学习得到的。通过学习，我们可以借鉴别人千辛万苦得到的经验。通过对相关知识（如音乐、美术）的掌握，提高自身的审美能力，从而使我们的婚礼纪实电影拍摄得更加独到，并使其上升到艺术的高度。

2.3.2 预判——等待奇迹发生

预判是每个称职的摄像师必备的技艺。设想一下，当精彩的情节正在上演，而我们在此之前未做好相应的准备，那么，当临时准备完毕后，精彩片段已经过去了，是不是很悲催？更为重要的是，未能为新人留下这一美好瞬间。因此，是否具备提前预判的能力在很大程度上决定着摄像师的拍摄水平。因为有了提前的预判，我们可提前设置好相机，有充足的时间来捕捉那动人的时刻。机会只留给有准备的人，这是不变的真理。

⬆ 精彩一幕即将上演，你是否已经准备好了？

2.3.3 在有限的时间内拍摄最有价值的素材

在婚礼现场，可供录制的画面有很多，不可能将其全部表现出来（全部表现出来就失去了摄像的意义）。如果我们不加挑选地一味录入，很容易造成顾此失彼，漏拍很多更加重要的画面。因此，在拍摄时，一定要做好计划，并在现场临时发挥，录制最有价值的画面。

⬤ 在婚礼中录制的素材：妈妈不能抑制的泪水使影片更具有纪实的意义，表现出了真情

⬤ 在婚礼中录制的素材：记录下这一刻，将其定格为永恒

2.3.4 抓住情绪的表达

拍摄手法千千万，但是如果不能恰当地运用，就会有效颦之嫌。在婚礼中，有父母不舍的泪水，有新人美好的憧憬，有朋友们的欢笑，这些情绪是不同的。我们将这些动人时刻记录的同时，应用恰当的手段，将之扩大化，渲染影片氛围，使主题得到升华。

⬤ 朋友发自内心的喜悦从侧面表现出对美好婚姻的祝福

2.3.5 重要的镜头一定要拍到

有些镜头很重要，是剧情的衔接点、转折点，而且基于婚礼是现场直播的不可重复性，所以我们应提前做好准备，在关键节点一次完成拍摄。

⬤ 表现新人扔手捧花的瞬间时，拍摄者提前做好了相应的准备，在新娘的正面安排好相机进行拍摄。画面充满力量感，使欢乐的情绪扩大化，将情节推向高潮

第 **3** 章

熟练掌握机器及辅助设备

认识相机　　　学会用相机拍摄视频　　　认识镜头　　　录制影像的辅助器材　　　相机的保养

3.1 认识相机

　　使用单反相机拍摄婚礼时，相机肩负着录制视频的使命，因此，在使用相机时需要严格按照相机说明书的提示来操作，大意不得。下面，我们先来认识一下尼康和佳能相机的主流机型，认清各个部件，以免操作失误。

3.1.1 认识尼康相机

　　尼康数码单反相机虽然有多种机型，各个机型的部件功能安排都各有特点，但是其标识和部件位置的安排都大同小异，下面以尼康D750相机为例对其部件进行说明。

○ 机身正面各部件名称

○ 机身背面各部件名称

○ 机身顶部各部件名称

内置闪光灯
拍摄模式转盘
拍摄模式转盘锁定释放按钮
释放模式拨盘锁定释放按钮
释放模式拨盘
配件插座

电源开关
快门释放按钮
动画录制按钮
曝光补偿按钮
测光模式按钮
焦平面标记
控制面板

○ 机身底部各部件名称

电池槽盖
电池槽盖闩

电池匣接口盖
三脚架接孔

○ 机身右侧面各部件名称

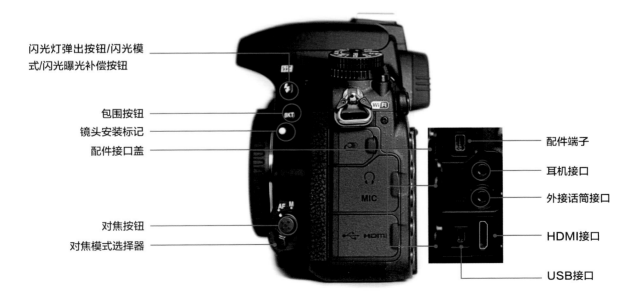

闪光灯弹出按钮/闪光模
式/闪光曝光补偿按钮
包围按钮
镜头安装标记
配件接口盖
对焦按钮
对焦模式选择器

配件端子
耳机接口
外接话筒接口
HDMI接口
USB接口

◯ 机身左侧各部件名称

插槽1

插槽2

存储卡插槽盖

3.1.2　认识佳能相机

随着相机的更新换代，每一代机型都会比上一代机型有更为符合实际拍摄需求的进步，下面我们以当前视频功能更新最近的佳能EOS 7D Mark Ⅱ相机为例对其部件进行说明。

◯ 佳能EOS 7D Mark Ⅱ机身正面各部件名称

自拍指示灯

快门按钮

遥控感应器

反光镜

景深预览按钮

EF镜头安装标志

话筒

EF-S镜头安装标志

镜头固定销

镜头释放按钮

镜头卡口

触点

○ 佳能EOS 7D Mark Ⅱ机身背面各部件名称

屈光度调节旋钮

实时显示拍摄/短片拍摄选择器

取景器目镜

眼罩

信息按钮

菜单按钮

创意图像/对比回放
（两张图像显示）

评分按钮

索引/放大/缩小按钮

回放按钮

删除按钮

液晶监视器

开始/停止按钮

自动对焦启动按钮

自动曝光锁定按钮

自动对焦点选择按钮

自动对焦区域选择杆

多功能控制钮

速控按钮

触摸盘

设置按钮

速控转盘

多功能锁开关

环境光照感应器

扬声器（提示音用）　　扬声器（声音用）

○ 佳能EOS 7D Mark Ⅱ顶部各部件名称

自动对焦模式选择/驱动模式选择按钮

测光模式选择/白平衡选择按钮

GPS天线

内置闪光灯/自动对焦辅助光

模式转盘锁释放按钮

模式转盘

电源开关

闪光同步触点

自动对焦区域选择/
多功能按钮

主拨盘

液晶显示屏照明按钮

ISO感光度设置/闪
光曝光补偿按钮

焦平面标记

液晶显示屏

热靴

○ 佳能EOS 7D Mark Ⅱ机身底部各部件名称

直流电连接器电源线孔

电池仓盖释放杆

电池仓盖

三脚架接孔

○ 佳能EOS 7D Mark Ⅱ机身右侧各部件名称

闪光灯按钮

外接话筒输入端子

耳机端子

PC端子

端子盖

音频/视频输出/数码端子

HDMI mini 输出端子

遥控端子　连接线保护器插座

○ 佳能EOS 7D Mark Ⅱ机身左侧各部件名称

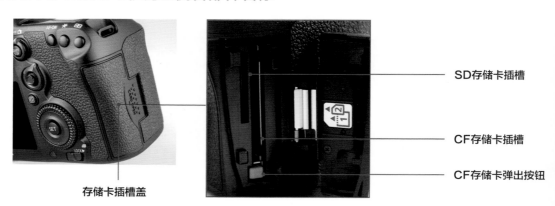

SD存储卡插槽

CF存储卡插槽

CF存储卡弹出按钮

存储卡插槽盖

3.2 学会用相机拍摄视频

用数码单反相机拍摄婚礼视频，因此掌握相机拍摄视频的方法是最为重要的，下面我们就以尼康D750相机和佳能EOS 7D Mark II相机为例来说明如何用数码单反相机拍摄视频。

3.2.1 尼康相机的操作方法

在进行动画即时取景拍摄时，需要先将即时取景选择器拨至动画即时取景模式处，之后按下即时取景拍摄钮，使相机内部的反光镜升起，这时将无法利用光学取景器取景。当焦、构图、曝光等操作准备就绪后，按下动画录制按钮即可开始录制影片，具体操作如下所示。

○ 操作方法

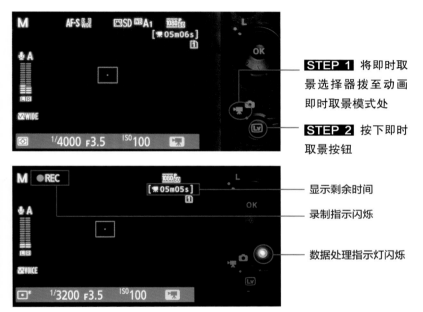

STEP 1 将即时取景选择器拨至动画即时取景模式处

STEP 2 按下即时取景按钮

显示剩余时间

录制指示闪烁

数据处理指示灯闪烁

STEP 4 按下动画录制按钮后，开始录制影片。再次按下此按钮将结束录制

○ 应用电动光圈

在拍摄视频时，随着相机拍摄位置的移动，光线环境也会随之变化，那么就需要调整画面的曝光，这时，我们可使用电动光圈功能，通过调整光圈的大小来调整画面的亮度。在A、M模式下拍摄动画时，按多重选择器的上方向键可缩小光圈，按下方向键可增大光圈。

STEP 3 按下动画录制按钮

🔲 小提示

在动画即时取景模式下的曝光和测光模式设置

1. 在动画录制时，在M模式下可设置曝光参数，在A模式下可设置光圈值。

2. 在P、S、A、M曝光模式下可设置测光模式。按下WB按钮的同时旋转副指令拨盘可随时设置白平衡。

△ 通过i按钮菜单将"多重选择器电动光圈"设置为"启用"

设置电动光圈

要使用电动光圈，也可通过"g动画"菜单将Fn、Pv按钮的功能直接设置为想要进行的操作。

▲ 将Fn按钮的功能设置为打开电动光圈

▲ 将Pv按钮的功能设置为关闭电动光圈

3.2.2 拍摄动画时的相关设置

在拍摄动画之前，应事先对各项功能进行设置，这样才能得到与我们预期效果相同的影片。下面对常用项目的设置进行说明。

○ 影像区域

在动画即时取景模式下，拍摄的动画和照片的宽高比均为16：9。有两种区域可供选择，即FX格式和DX格式。以FX格式拍摄时，取景范围大；而以DX格式拍摄时，画面中的主体影像大而突出。如果相机安装了DX镜头，相机将以DX格式记录图像。

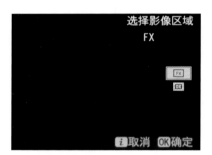

◒ 选择影像区域

○ 画面尺寸/帧频

此选项影响着动画文件的大小、最大时间长度和画质表现，因此，该选项的设置非常重要。如果可存储的空间较大，若对画质有较高要求，建议设置为"1920×1080；60p"或者为"1920×1080；50p"。

○ 在录制过程中拍摄照片

要想在录制过程中拍摄照片，需要先将"g4 指定快门释放按钮"设置为"拍摄照片"。这样，在录制时，完全按下快门释放按钮将拍摄一张照片。照片尺寸将使用当前影像区域的设定。

◒ 将"g4 指定快门释放按钮"菜单设置为"拍摄照片"

◒ 画面尺寸/帧频

◯ 降低风噪

　　在拍摄动画时，如果现场声音嘈杂，在不需要录音的情况下，可将"降低风噪"设为"开启"，为内置话筒启用低通滤波器，减少因风吹过话筒而产生的噪音。需要注意的是，此项设置也会影响其他声音的录制。

▲ 将"降低风噪"设置为"开启"

◯ 查看动画

　　当录制完成后，如果需要回放动画，可通过按下回放按钮来查找文件，动画重放屏幕中将显示动画录制图标。按下OK按钮可对其进行播放。

STEP 1 按下播放按钮

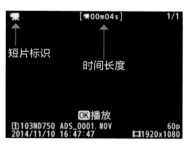

STEP 2 找到所需视频

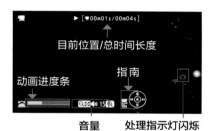

STEP 3 按下OK按钮进行回放

◯ 动画回放操作说明

目　的	使　用	说　明
暂停	多重选择器的下方向键	播放暂停
播放	OK按钮	恢复播放
快退/快进	多重选择器的左、右方向键	每按一次可使播放速度在现播放速度的基础上加快一倍（2、4、8、16倍），长时间按下此按钮则可跳至短片开始或末尾；当暂停时，每按一次可使短片前进或后退播放一幅画面，长按可持续前进或后退
跳越10秒	主指令拨盘	将主指令拨盘旋转一挡可向前或向后跳跃10秒
向前/向后显示画面	副指令拨盘	可使动画跳至下一或上一索引，或者当动画不包含索引时跳至最后一幅或第一幅画面
调整音量	放大/缩小按钮	按下放大按钮可提高音量，按下缩小按钮则可降低音量
返回拍摄模式	快门释放按钮	半按快门释放按钮退回拍摄模式

3.2.3 佳能相机的操作方法

在使用佳能EOS 7D Mark II相机拍摄短片时，需要先将实时显示拍摄/短片拍摄开关📷/🎬设置为短片拍摄模式🎬，按下开始/停止按钮 START/STOP 后，即开始拍摄短片。

STEP 1 将实时显示拍摄/短片拍摄开关设定为"短片拍摄"模式，屏幕将切换为短片拍摄的取景画面

STEP 2 按下实时显示拍摄按钮，相机将开始录制短片，红色"●"标记将显示在屏幕的右上方

📷 小提示

拍摄短片时的曝光控制

拍摄短片时，在场景自动曝光、程序自动曝光或者B门曝光的设置下，相机将根据场景的亮度进行自动曝光。在快门优先自动曝光模式的设置下，拍摄者可以手动设定快门速度；在光圈优先自动曝光模式的设置下，拍摄者可以手动设定光圈值；在手动曝光模式的设置下，拍摄者可以设定快门速度、光圈值和感光度。其参数设置的方法与拍摄照片时相同。

○ 短片记录画质

在短片拍摄模式下，拍摄4和拍摄5菜单将自动转为短片拍摄菜单。我们可以根据需要，选择相应的选项进行设置。

在"短片记录画质"选项中，可对短片的格式、尺寸、24帧频进行设置。

STEP 1 在拍摄4菜单中选择"短片记录画质"选项，按下设置按钮

STEP 2 进入"短片记录画质"设置界面，根据需要对各选项进行设置

○ 选择短片格式

在该选项中，可以将短片格式设置为MOV格式或MP4格式。其中，以MOV格式存储的短片文件所占存储空间较大，便于使用计算机播放；而以MP4格式存储短片时，其文件所占存储空间较小，具有广泛的兼容性，便于图像的传播。

▲ 短片记录画质设置界面

⊙ 以24帧/秒的帧频记录短片

如果启用该选项，相机将以24帧/秒的帧频和 FHD 24.00P ALL-I 或 FHD 24.00P IPB 记录短片，适用于拍摄全高清晰度画质的短片。

▲ 24帧频的设置界面

📷 注意

1.在启用"24.00P"选项之前，如果已经设定了"短片记录尺寸"选项，请重新设定"短片记录尺寸"选项。

2.在启用"24.00P"选项后，将无法设定视频制式和HDMI帧频，短片将以HDMI以1080/24.00p输出。

3.在启用"24.00P"选项之后将其设置为"关闭"，短片记录尺寸也不会恢复为原始设置，需要再次设定短片记录尺寸。

⊙ 短片记录尺寸

该选项用于设置短片的尺寸、帧频和压缩方法。

图像大小

FHD 1920×1080：全高清晰度（Full HD）记录画质，长宽比为16：9
HD 1280×720：高清晰度（HD）记录画质，长宽比为16:9
VGA 640×480：标准清晰度记录画质，长宽比为4:3

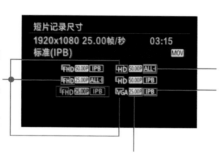

压缩方法

ALL-I（编辑用/仅I）：一次压缩一个帧进行记录，文件量大，更适于编辑
IPB（标准）：一次高效地压缩多个帧进行记录，文件量小

帧频

25.00帧/秒或者50.00帧频/秒：用于电视制式为PAL的地区，适用于我国用户选择
23.98帧/秒或者24.00帧/秒：主要用于电影

📷 小提示

在短片拍摄期间拍摄照片

在拍摄短片时，如果完全按下快门按钮将拍摄照片，短片将记录约1秒钟的静止时刻。当显示实时显示图像时，短片拍摄将自动恢复。短片和照片将作为独立的文件记录在存储卡上。当短片记录尺寸为1920×1080或1270×720时，照片的长宽比将为16:9，当短片记录尺寸为640×480时，照片的长宽比将为4:3。

▲ 这张照片是在短片拍摄期间拍摄的，由于短片记录尺寸设置为1920×1080，所以照片的长宽比为16:9

○ 录音设置

可以通过"录音"选项来设置声音的录制。在该选项中，包括"录音""录音电平"和"风声抑制/衰减器"3项。下面列表对其进行说明。

▲ "录音"选项

○ "录音"各选项说明

选 项		说 明
录音/录音电平	自动	录音量将会自动调节。自动电平控制将根据音量电平自动工作
	手动	适用于高级用户。可以将录音电平调节为64等级之一。在设置时，选择"录音电平"选项并在旋转速控转盘的同时注视电平计以调节录音音量电平。一边注视峰值指示一边进行调节，应使电平计某些时候点亮右侧表示最大量的12标记。如果电平计超过0，声音将会失真
	关闭	相机将不记录声音。此外，不会经由HDMI输出任何声音
风声抑制/衰减器	风声抑制	当设置为"启用"时，该功能可以降低在户外录音时的风噪声。此功能只对内置话筒生效。当设置为"启用"时，也会降低低音域的声音，所以没有风时请将其设为"关闭"
	衰减器	自动抑制噪音引起的声音失真。在拍摄前即使将"录音"选项设置为"自动"或"手动"，如果有非常大的声音，仍然可能会导致声音失真。在这种情况下，请将其设为"启用"

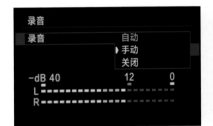

▲ "录音"选项

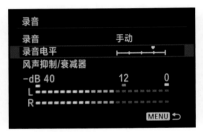

▲ "录音电平"选项

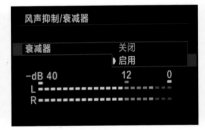

▲ "风声抑制/衰减器"选项

▣ 知识扩展

静音控制

在拍摄短片期间，更改相机设置的声音也会被录制下来。为了避免因更改相机设置而发出噪音，我们可启用"静音控制"功能。

STEP 1 在拍摄5菜单中选择"静音控制"选项，按下设置按钮

STEP 2 进入"静音控制"选项的设置界面，选择"启用"选项，按下设置按钮

在更改相机设置时，触摸触摸盘上的上、下、左、右触摸点即可

○ 播放短片

在回放短片时，还可以通过按下信息按钮了解图像数据，每按下一次信息按钮，将从无信息→带基本信息→详细信息→镜头/柱状图信息→白平衡信息→照片风格信息→色彩空间/降噪信息→镜头像差校正信息→GPS信息柱状图→详细信息之间切换。

▲ 无信息显示

▲ 基本信息显示

▲ 详细信息显示

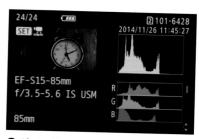

▲ 镜头/柱状图信息

▲ 白平衡信息

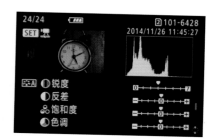

▲ 照片风格信息

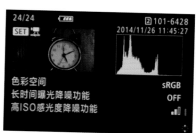

▲ 色彩空间/降噪信息

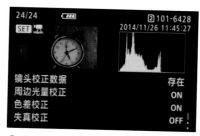

▲ 镜头像差校正信息

想播放短片时，按下回放按钮，找到要查看的短片，按下设置按钮即可对短片进行播放和编辑。在播放短片的过程中，可以通过画面中所显示的图标指示，对短片进行编辑。下面列表说明各个图标及按钮的使用方法。

○ 回放图像时各选项说明

图 标	操作说明
播放	按下设置按钮，短片将在播放和停止之间切换
慢动作	通过旋转速控转盘调节慢动作速度，慢动作速度显示在屏幕右上方
首帧	显示短片的第一帧
上一帧	每次按下设置按钮，会显示前一帧。如果持续按下设置按钮，将快退短片
下一帧	每次按下设置按钮，会逐帧播放短片。如果持续按下设置按钮，将快进短片
末帧	显示短片的最后一帧
编辑	显示编辑屏幕
mm′ ss″	回放时间
hh:mmm:ss:ff	时间码
音量	可以通过转动主拨盘调节内置扬声器的音量
MENU返回	按下菜单按钮将返回单张图像显示

下面通过图例来讲解短片编辑的操作。

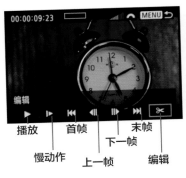

播放	首帧		末帧
慢动作	上一帧	下一帧	编辑

STEP 1 按下设置按钮后将显示短片回放面板，选择"编辑"选项，按下设置按钮

删除末段　保存
删除首段　播放

STEP 2 进入编辑界面，选择相应选项，在这里选择"删除首段"选项，按下设置按钮

删除首段

STEP 3 选择"删除首段"选项，旋转速控转盘逐帧回放图像选择需要删除的部分后按下设置按钮

删除末段

STEP 4 对"删除末段"项目进行设置后，按下设置按钮

STEP 5 当短片编辑完成后，选择"保存"选项，按下设置按钮

新文件　　覆盖
取消

STEP 6 选择"新文件"，按下设置按钮，将编辑后的短片存储为新文件

IO 知识扩展

时间码

时间码是指相机在记录图像信号的时候，针对每一幅图像记录的唯一的时间编码，是一种应用于流的数字信号，用于在短片拍摄期间同步短片。该信号为视频中的每个帧都分配了一个数字，用小时、分钟、秒钟和帧数来表示，在短片编辑期间使用。如果在同一段时间有多台机器拍摄短片，那么在编辑时为了使各短片在相同时间内同步，在拍摄时设置时间码是非常有必要的。

STEP 1 在拍摄5菜单中选择"时间码"选项，按下设置按钮

STEP 2 进入"时间码"选项的设置界面，对各个选项进行设置

▲ 设置时间码后，短片拍摄期间的时间码显示

▲ 设置时间码后，在短片回放期间的时间码显示

3.3 认识镜头

　　镜头有多种分类方法。根据镜头的焦距是否可调，可分为定焦镜头和变焦镜头；根据镜头焦距长短的不同，可分为标准镜头、广角镜头、长焦镜头；根据镜头的用途，可分为微距镜头、鱼眼镜头、移轴镜头。下面我们就来详细地了解一下各类镜头的不同特征。

3.3.1 定焦镜头

　　只有一个固定焦距的镜头，被称为定焦镜头。定焦镜头的焦距和视角固定不变，在拍摄时需要拍摄者移动拍摄位置来调节拍摄距离，以寻找最佳的景别和拍摄角度。

　　定焦镜头的成像质量优异，主要体现在以下几个方面。

　　1. 畸变小：定焦镜头因为只需对一个焦段的成像进行纠正与优化，很少出现畸变现象。

　　2. 成像锐利：简单的镜片结构自然会带来更锐利的图像，使其在最大光圈下也能提供极为锐利的焦内成像。

　　3. 柔美的焦外虚化：在价格基本相同的情况下，定焦镜头可以比变焦镜头提供更大的光圈，可得到更柔和的焦外虚化效果。而且定焦镜头的光圈叶片更多，接近圆形的光圈会使虚化更柔美。

　　4. 由于定焦镜头结构简单，价格相比于变焦镜头要低很多，而且轻便易携，十分利于手持拍摄。

◎ 定焦镜头 EF 85mmf/1.8 USM

○ 使用定焦镜头拍摄实例

◎ 定焦镜头 EF 85mmf/1.8 USM

◎ 定焦镜头 50mm

◎ 定焦镜头 135mm

◎ 定焦镜头 35mm

3.3.2 变焦镜头

变焦镜头有变焦环，其焦距在焦段范围内可以改变。拍摄者可以在拍摄位置不变的情况下，通过改变镜头焦距来改变画面的景别与构图。"一头多用""一机走天下"是这种镜头的天生优势，比定焦镜头更灵活。而且随着制造工艺的不断进步，变焦镜头的成像已越来越优异，与定焦镜头的成像差距已越来越不明显。尽管如此，但由于变焦镜头结构复杂，易使画面产生眩光，且质量较重，增加了手持拍摄的难度，尤其在使用长焦变焦镜头时，需要使用三脚架来固定相机进行拍摄。

⬤ 变焦镜头
EF 16−35mm f/4L IS USM

⬤ 使用变焦镜头拍摄实例（广角端）

⬤ 使用变焦镜头拍摄实例（长焦端）

📷 小提示

变焦镜头的使用技巧

1. 为了获得最清晰的影像，应遵循先变焦、再调焦的原则。

2. 当变焦镜头体积较大、质量较重时，应利用三脚架来固定相机，以获得清晰的画面。

3. 因变焦镜头透镜片数较多，易出现杂光，所以通常需要安装遮光罩。

4. 在使用长焦变焦镜头时，其最大孔径相对较小，不宜在低照度的环境中使用。

⬤ 使用变焦镜头拍摄实例（标准焦段）

3.3.3　选择适合拍摄婚礼的镜头

在拍摄视频时，应根据视频的特性来选择合适的镜头。一般，具备下列性能的镜头更适合拍摄视频。

○ 选择具备全时手动对焦功能的镜头

拍摄视频时，由于拍摄距离和拍摄空间不断发生变化，而且被摄主体也处于运动状态，为了确保画面清晰，需要对焦快速准确，因此最好使用能够进行全时手动对焦的镜头，这样，即使相机选择的自动对焦点不是我们想要的，也可以通过手动调整对焦。

在使用佳能相机拍摄时，建议选择具备USM功能的镜头，因为具备USM（超声波马达）功能的所有EF镜头，采用了能够随时从自动对焦转换为手动对焦的全时手动对焦功能。另外，STM镜头是应对视频拍摄的特点而设计的，STM是对焦马达，使用电子控制对焦环进行视频拍摄时，可以完成连续自动对焦，且对焦准确，画面效果更为平滑顺畅。

⬤ 使用USM镜头拍摄的画面，在拍摄中通过手动调整对焦点

在使用尼康相机拍摄时，建议使用具备M/A功能的镜头。M/A是MF/AF的简称，即尼康版的"全时手动对焦"，在不切换对焦模式的情况下，可以实现手动对焦与自动对焦的无缝切换。M/A模式下以MF手动对焦为优先。自动对焦镜头。另外，也可以选择具备AF-S功能的镜头，是超声波之意，是一种在许多自动对焦尼克尔镜头上使用的对焦马达，AF-S马达非常快速且安静。AF-S镜头具有"A/M"模式选择器，可让用户从自动对焦切换到手动对焦，中间几乎没有停顿时间，因此很适合拍摄视频。

⬤ 使用M/A镜头拍摄的画面，通过手动微调对焦点快速完成对焦

在有些情况下，需要手持拍摄，这时最好使用具备减震功能的镜头，这样在手持相机拍摄时可使画面最大限度地保持平稳。佳能镜头中标有IS、尼康镜头中标有VS的镜头都具备防抖功能。

▲ 使用具备IS功能镜头手持拍摄的画面，在对焦距离发生改变时，对焦快速、平稳、自然

▲ 使用具备VS镜头手持拍摄的画面，在对焦距离发生改变时，对焦快速、平稳、自然

○ 用广角镜头拍摄

广角镜头的焦距长度介于鱼眼镜头与标准镜头之间，其焦距一般为10~22mm。广角镜头的焦距短、景深深、视角大、成像明晰，擅长表现大场景的宽广、宏伟、气势。广角镜头具有加大景物的前后比例的作用，会使画面表现出强烈的空间透视感，扩展、夸张原有空间，使画面中央的景物影像变大，而位于画面两端的景物影像变小。

▲ 广角镜头
EF-S 10-22mm f/3.5-4.5 USM

📷 小提示

广角镜头的使用技巧

1. 在使用广角镜头拍摄人物时，为了减少人像的变形，拍摄距离宜远不宜近。在构图时，宜将人像放在接近画面中央的位置。

2. 避免水平线或垂直线位于画面边缘而引起严重的变形。

3. 在使用广角镜头拍摄时，会放大夸张近处不起眼的小物体，破坏画面效果，所以应检查摄入镜头中的景物。

4. 避免遮光罩、滤镜遮挡画面。

在拍摄大场景时，如在婚礼中拍摄送行、婚宴画面时，使用广角镜头最为合适，可在较短的拍摄距离内摄入广阔空间。而且，广角镜头透视效果明显，能够令事物在画面中的影像产生较大的透视变形，我们可以利用广角镜头的这个特性更为夸张地表现场景的大气势，烘托出喜庆、热闹的氛围。

在表现大场景时，通过采用广角镜头结合高角度俯拍，增加镜头摄入的范围。

⬤ 使用广角镜头拍摄的大场景画面

在室内拍摄时，空间相对狭窄，使用广角镜头可以在很近的距离内将场景拍全，还可制造出室内空间宽阔的假象。

广角镜头可以在近距离摄入较大范围的景物，并可以使主体更加突出。

⬤ 使用广角镜头在较为狭窄的空间拍摄

⊙ 用标准镜头拍摄近景

标准镜头的焦距接近或等于相机感光元件对角线长度。一般焦距为50mm左右的镜头称为标准镜头。标准镜头的视角范围为45°～53°，接近人眼的视角。因而，使用标准镜头拍摄的画面，成像比例、透视关系与人眼直接观察景物所看到的效果相似，画面显得真实、亲切、悦目。

⬤ 标准镜头
EF 50mm f/1.4 USM

📷 小提示

标准镜头的使用技巧

1. 标准镜头的最大光圈相对较大（一般为F1.4-F1.8），镜头明亮，利于在低照度环境下正常曝光。

2. 近距离使用大光圈拍摄时，可获得主体突出、背景虚化的画面效果，与长焦镜头拍摄的画面相似；而远距离使用小光圈拍摄时，可获得远近皆清晰的深景深画面，与广角镜头拍摄的画面相似。

3. 由于标准镜头成像质量好，所以能使用标准镜头拍摄的画面就不必用其他焦段的镜头来拍。

使用标准镜头拍摄的半身人像场景

◀ 在室内拍摄人物时，标准镜头能够在有限的拍摄距离内得到不变形的人像

◯ 用长焦镜头在远方拍摄

长焦镜头的焦距比标准镜头长，焦距为70－135mm的镜头被称为中长焦镜头；焦距为135－300mm的镜头被称为长焦距镜头，焦距为300－500mm及以上的镜头被称为超长焦镜头。长焦镜头的焦距长、视角小、成像大、景深浅，能在同一拍摄距离内得到比标准镜头更大的影像。适合在较远的位置拍摄不容易接近的被摄主体，在被摄主体不受到干扰的情况下完成拍摄，如在较远的位置拍摄新娘化妆特写。使用长焦镜头易于得到背景虚化、主体突出、构图简洁的画面。

▲ 长焦镜头
EF 70－200mm f/2.8L IS Ⅱ USM

使用长焦镜头拍摄的特写场景

▲ 在这段视频中，长焦镜头在较远的距离外拍摄到新娘的特写画面，主体突出，虚化效果好

使用长焦镜头在较远距离拍摄的场景

🔺 在这段视频中，长焦镜头在较远的距离外拍摄到的画面，场景不仅大，而且人物影像真实自然，使人感觉如在面前

⭕ 用微距镜头拍摄静物特写

　　微距镜头主要用于近距离拍摄，以表现微观世界，常用来拍摄微小被摄主体或翻拍小画面图片。这种镜头有内部可延伸的镜组，可以在很短的距离内对焦。微距镜头在近距离拍摄时，像场非常平直，分辨率相当高，畸变像差极小，且反差较大，色彩还原效果好，画质细腻。

🔺 使用微距镜头拍摄的场景

🔺 微距镜头
EF 100mm f/2.8L IS USM微距

3.4　录制影像的辅助器材

用数码单反相机拍摄视频，除了相机和镜头，还需要很多辅助器材的帮助，这样才能使我们的录制工作事半功倍，确保拍摄的顺利进行。下面我们就来认识一下这些重要的辅助器材。

3.4.1　脚架

脚架起着固定相机、辅助拍摄的作用。三脚架可使拍摄操作更加稳定、方便，将拍摄者从手持拍摄中解放出来，并保证成像的清晰，进而提升画质。

云台是安装于三脚架之上用于固定相机的装置，可进行角度调节。在进行摄像时，使用三维云台更为合适，便于进行水平定位和取景。

⬦ 三脚架+三维云台+单反相机

⬦ 专用于摄像的三脚架

⬦ 摄影用三维云台

⬦ 摄像用云台

使用三脚架拍摄视频的现场照片

使用三脚架拍摄的视频片段
⬦ 在拍摄这段视频时，将相机固定在三脚架上，使动态画面保持水平不变，给人以稳定、舒适的感受

3.4.2 斯坦尼康

在拍摄视频时，对画面的稳定性要求很高，这是因为抖动的画面容易使观众产生烦躁、疲劳和反感的感觉，而且画面的稳定性好对后期制作中加入多层特技有很大帮助，画面抖动再加上噪波是所有压缩算法的大敌。而在婚礼摄像工作中，手持相机拍摄是常态，为了确保画面的稳定，我们可借助斯坦尼康来实现。

斯坦尼康是摄影机稳定器，一种轻便的电影摄影机机座，可以手提。根据使用需要，有多种用途的斯坦尼康可供选择，对于使用数码单反相机的我们，建议使用手持斯坦尼康。

◐ 手持斯坦尼康

◐ 在斯坦尼康上安装相机的画面

◐ 使用斯坦尼康工作的画面

◐ 将相机固定在斯坦尼康之上后进行跟拍的画面

3.4.3 滑轨

滑轨也是摄像的辅助器材，其是一段轨道，有直轨和弯轨之分，可以使摄像器材在其上平滑移动，模拟出使用摇臂的效果。

▲ 直轨

▲ 弯轨

▲ 使用滑轨拍摄的画面

3.4.4 跟焦器

跟焦器是使用数码单反相机拍摄电影或者视频的时候控制景深的必备视频配件。这是因为数码单反相机以拍摄照片为主，在拍摄移动视频时，画面是动态的，无论拍摄距离是否改变，都需要包括主体在内的画面清晰，而要想使画面保持清晰，就需要对焦平面持续对焦，而这对于数码单反相机来说是难以做到的，这时就需要跟焦器来辅助拍摄。在动态的视频拍摄中，跟焦器能够实时控制镜头的焦点，而不必拍摄者在拍摄中手动调焦，确保对焦精准、稳定，也使画面流畅。

▲ 安装了跟焦器的镜头

◀ 使用跟焦器拍摄的画面1

⬢ 使用跟焦器拍摄的画面2

3.4.5 收音设备

使用数码单反相机拍摄视频时，收音设备同样很重要，除了相机中所具备的收音功能之外，一般我们会使用外接话筒，其功能更专业，使用起来也更灵活。

⬢ 安装外接话筒的相机

⬢ 收音现场

3.4.6 小摇臂及大摇臂

很多视频的大场景是由摇臂拍摄的。摇臂是长力臂，通过将摄像器材安装在摇臂之上来完成摄像师无法拍摄的画面。摇臂有大小之分，其中，小摇臂是手动摇臂，长度在1.5m～3m，由摄像师用手控制。其控制精确度高，适用于拍摄情节性画面。

⬢ 小摇臂

⬢ 在录制现场使用小摇臂拍摄

● 使用小摇臂拍摄的画面1

● 使用小摇臂拍摄的画面2

　　大摇臂是电动摇臂，长度在6m～12m，其可活动的范围大，因而需要大面积活动场地，多用来拍摄远景和全景。大摇臂的控制过程比较复杂，需要摄像师操作控制器，通过步进电机来控制电动云台拍摄。而且控制精确度低，不能进行精确拍摄，不适合拍摄细腻的情节，多用来拍摄大场景。

● 大摇臂

在录制现场使用大摇臂拍摄

◖ 在拍摄下面这段视频时，将相机安装在大摇臂上，形成高角度俯拍，得到其他角度无法获得的大场景画面

⬥ 使用大摇臂拍摄的画面1

⬥ 使用大摇臂拍摄的画面2

3.4.7 存储介质

存储卡是相机用来存储图像的设备。存储卡的性能决定着照片存储的速度，进而影响着相机的拍摄速度。为了在拍摄中配合相机更好、更快地完成图像的存储，可选择大容量、存储速度快的存储卡。适用于相机的存储卡有两种，即CF卡和SD卡。

除了存储卡，婚礼摄像师需要将录制好的视频保存起来，所以还需要准备大容量的移动硬盘来存储文件，以确保视频文件的安全。

● SD卡

● CF卡

● 大容量移动硬盘

📷 一家之言

存储卡常识

1. SD卡最大支持2GB容量，SDHC最大支持32GB容量，SDXC最大支持2TB(2048GB)容量，支持SDXC卡的相机兼容支持SD卡与SDHC卡；如果支持SDHC卡，则不能兼容SDXC卡；如果支持SD卡，则不兼容SDXC、SDHC卡。

2. SD卡的存写速度：Class2的速度为2MB/秒；Class4的速度为4MB/秒，目前较高速率为Class10。

3. CF卡的存写速度：4X=600KB/s，12X=1.8MB/s，4X=600KB/s，16X=2.4MB/s，32X=4.8MB/s，40X=6.0MB/s，80X=12MB/s。

3.5 相机的保养

无论是在拍摄中还是在拍摄后，清洁用具是必不可少的，在拍摄时，可准备一条干毛巾以擦拭机身上的尘土或水滴，而镜头笔则可对镜头进行及时清洁。拍摄完毕后，应利用专业的清洁工具对相机进行彻底清洁。首先，使用气吹来吹去机身和镜头上的尘土；然后用柔软稍湿的软布或毛巾擦拭机身，并利用镜头布或镜头纸来清除镜头上的污渍；如果镜头上有不易擦除的顽固污渍，则可使用镜头布蘸取少许镜头液进行清洁。擦拭的动作要轻柔，并应朝同一方向进行擦拭，切勿来回涂抹，以免划伤镜头。

● 清洁用具

● 擦拭镜头浮土

● 在镜头纸上蘸取少量镜头液对镜头进行清洁

第 **4** 章
摄像师必须掌握的技巧

安排主体的位置——精准构图　　　　　　光影及氛围的营造——精准用光　　　　　　备份很重要

　　　不同的机位——视角选取　　　　　录音——不可或缺的重要部分

4.1 安排主体的位置——精准构图

摄像不同于拍摄照片时的构图（既可以横向构图也可以纵向构图），横向构图是摄像唯一的构图形式，因此一定要掌握横幅构图的技巧。

4.1.1 黄金分割构图

黄金分割比例被公认为是具有美感和符合自然规律的比例，其比值为1：0.618，以此比例来分割画面即为黄金分割构图。如在画面中，天空和地面的面积以黄金分割比例来安排，画面会显得比较和谐。我们可利用此比例来安排主体的位置，即将主体安排在画面的上下或左右的黄金分割线上，这样在视觉上更符合人们对自然规律的认知。

在矩形中，整个矩形与白色正方形的比例为1：0.618；黄色和白色的面积之比为1：0.618，垂直黄金分割线将画面左右分为1：0.618两部分；水平黄金分割线将画面上下分为1：0.618两部分；垂直和水平黄金分割线的交点为黄金分割点，将主体放于此处会使其更为突出。

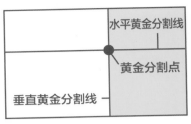

▲ 黄金分割构图示意

▲ 将人物安排在画面纵向的黄金分割线上，既突出了主体，画面效果也更自然

4.1.2 三分法构图和九宫格构图

黄金分割构图意在避免平均分配画面空间，从而避免给人呆板的感觉，让画面看起来更自然、协调。但在实际拍摄过程中，我们没法准确地测量这个比例，因而用三分法构图和九宫格构图来代替，它们都是由黄金分割构图法演变而来的，更为简便易行。三分法构图是将画面纵向或横向分为三等份，将主体安排在三分线上；九宫格构图则是将画面横向和纵向各分为三等份，纵向和横向三分线的交点处即为画面的视觉中心，将画面主体安排在这些位置，会使主体显得更加突出。

▲ 三分法构图示意

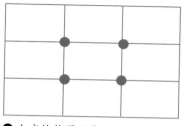

▲ 九宫格构图示意

▲ 以三分法来安排人物在画面中的
位置，主体突出，效果自然

▲ 在录制画面时，将人物的头部安
排在画面中的九宫格位置，使人
物的情绪得到突出表现

▲ 将手部和新娘的头部安排在九
宫格的位置，使该情节得到突
出表现

4.1.3 框架构图

框架构图是通过前景框来表现框架后面的主体，提供观者一个视觉起点，来观察框中景物，营造曲径通幽的画面意境。画面中的"框"起着引导观者视线的作用，是画面中不可分割的一部分。在使用此种构图形式时，拍摄者要多观察，寻找可做"框"的景物，并使之与画面融为一体，表现出与主体之间的密切联系。框架构图趣味性强，并能够营造画面的空间感。拍摄者可利用框架来遮挡那些不美的景物，提升画面的美感。

▲ 框架构图示意

▲ 将人物安排在门框处，框住新人，使其得到突出表现

4.1.4 水平线构图

水平线构图也称横线构图，其强调被摄主体的水平形态。水平线具有宁静、宽广、无限的特点，可引导观者目光在画面中左右移动，使画面具有流动感。在婚礼摄像中，水平线构图是最为常用的表现手法，用来表现祥和、温馨、美满的画面氛围。在拍摄时，可结合黄金分割或三分法来安排水平线在画面中的位置。

▲ 水平线构图示意

▲ 在海边拍摄时，采用水平线构图，表现出海的宽阔和静谧的画面氛围

4.1.5　斜线构图

　　斜线构图指利用斜线来表现被摄主体的构图形式。对角线是画面中最长的线，因此对角线构图是斜线构图的特例，但却是在拍摄过程中经常用到的构图形式。使用这种构图形式可以使被摄主体在画面中所展现的长度最长。另外，斜线具有倾斜、不稳定、变化的特点，从而使画面表现出动势。我们可结合黄金分割和九宫格构图法来安排被摄主体在斜线上的位置，以营造画面的紧张感，产生视觉焦点，从而表现出画面的戏剧性效果。

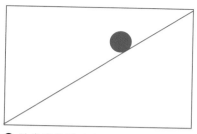

◎ 斜线线构图示意

◎ 纵向的台阶在画面中充当了前景，形成斜线构图，表现出画面的纵向空间，并引导观者视线至主体

4.1.6　曲线构图

　　曲线是由点的运行轨迹形成的，因为具有变化、流动、无限延伸的特点，并容易形成一定的节奏。我们可以利用曲线构图来表现优美、协调的韵律感。根据曲线的形态，可将其分为S形、C形、之字形等构图形式。在婚礼摄像中，我们可利用曲线构图来表现新娘优美的身姿，道路的韵律美。

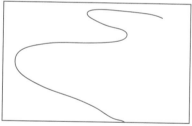

◎ 曲线构图示意

◎ 在录制此视频时，摄像师利用了水池的弧形结构，让人物主体坐在池边，不仅突出了主体，画面的意境也得到了升华

4.1.7　明暗对比

　　采用明暗对比时，应特别注意光线的方向和照射强度。光的照射会使被摄主体产生明暗面，从而表现出物体的立体感。明暗对比所形成的影调也对画面的整体气氛产生影响。一般来说，有光的地方明亮，惹人注意，适宜表现主体；无光的地方暗，容易被忽视，可用来安排陪体，还可遮挡那些我们不想表现的东西。

△画面中，人物处于光亮处，而背景的门不仅颜色暗，且背光，从而使人物突出。另外，新娘正面受光，而新郎正面背光，使受光的新娘更加突出

4.1.8　虚实对比

　　虚实对比有两种常见的形式：一种是利用大光圈虚化背景来突出主体；另一种则是通过云、水、雾等"虚"的景物来烘托"实"景，达到"实则虚之"的目的，起到疏通画面气脉的作用。前一种方法是经常采用的，如拍摄新娘时，为使新娘更为突出，设置大光圈将背景虚化来突出主体。而后一种则需要通过拍摄者的细心观察、审时度势、精心布局来达到，是境界较高的构图形式。如在拍摄正在化妆的新娘时，新娘的背影实景与梳妆镜中的新娘的正面镜像形成虚实对比。

△在画面中，精确对焦的人物影像清晰，在大光圈的设置下，背景被虚化，从而使主体得到了突出表现

4.1.9　动静对比

　　在采用动静对比构图的画面中，既有动态的物体，又有静态的事物，目的是以动衬静或以静衬动。在现实生活中我们不难发现，处于动态中的物体会更容易引起人们的注意。因而，在静态的画面中加入动态元素，会使画面更加生动，起到活跃画面的作用。动静相宜的画面，能够产生和谐的韵律，使画面富于感染力。在动静对比的画面中，应处理好被摄主体之间的关系，做到对比之中有内在的联系。在婚礼摄像中，这种构图形式更为常用，如在举行仪式时，行进中的新人是动的，宾客是不动的。

⬤ 在舞台之上，新郎在向新娘求婚时，新人是动的，在座的宾客是静的，使新人更加突出

4.1.10　冷暖对比

　　所谓冷暖对比，是指利用冷暖色的搭配来达到丰富画面色彩的目的。通过冷暖对比，可以使被摄主体的色彩更鲜亮且突出，画面的色彩也更丰富。然而，如果冷暖色对比运用不当，会造成画面的色彩没有主次，从而影响画面的整体视觉效果，进而影响主题的表达。为了避免这种情况的发生，通常采取如下措施：冷暖色块的大小不能同等比例；色彩明度、饱和度应尽量避免相同；陪体的颜色应根据主体颜色进行搭配；在画面中适当添加金银色、黑白灰色来隔离色块或中和画面色彩。在婚礼摄像中，利用冷暖对比能使画面的色彩感更浓，使喜庆的红色更为突出。

⬤ 在这个截图片段中，我们很容易看出花是主体，这是因为，在一片冷紫色的背景中，花的色彩是暖橘色的，使其在画面中显得非常突出

4.2　不同的机位——视角选取

机位与被摄主体的相对位置不同，所拍摄主体在画面中的表现也不同，从而影响着画面内容、意境、主题等的表现。机位在水平方向上的改变有正面、侧面、斜侧、背面等几种；机位在垂直方向上的改变有平拍、俯拍、仰拍。下面我们将对具体的机位表现进行讲解。

4.2.1　正面

对拍摄主体的正面进行拍摄，会使主体的主要特征得到突出，画面的主题也更容易表现。在婚礼摄像中，对正面的拍摄会使主体得到更为主观的表现，给人以端正、隆重和正式感。对正面拍摄，画面具有对称或装饰的美感。

◀ 通过对新郎正面的拍摄，使其意气风发、志在必得的精神状态得到突出表现

4.2.2　背面

背面拍摄时，主体的正面特征不再显现，表现为观者从背后观察主体的视觉效果，并透过主体来观察其所处环境，以产生画面的纵深空间感。在此视角下，主体与观者的关系变得更为轻松，并令人对其正面特征产生联想，从而引发对画面主题所要表现的画外之音进行深思，"无声胜有声"，使画面更具延展性。如拍摄拭泪的新娘母亲的背影，更能表现母亲的不舍之情。

◀ 在录制新人表白这一环节时，摄像师通过表现新郎背影的画面，含蓄地表现出新娘和新郎的款款深情。虽然我们看不到新郎的表情，但我们可以在新娘充满幸福感的笑脸中窥见一斑，使画面更具想象空间

4.2.3 侧面

　　侧面表现被摄主体，可使观者以旁观者的角度来观察、审视画面，从而减少了观者与画面的正面交流，降低了画面给人带来的压迫感，利于营造轻松的画面氛围，也有利于主体多样性的表现。与正面拍摄一样，此角度同样不利于立体感的表现。在拍摄婚礼时，这种拍摄角度是被经常用到的，如表现新人之间的对视、母女之间的惜别等。

◖ 在录制爱情MV时，摄像师通过表现新人的侧面，使两个人都在画面中得到体现，并突出了两人的亲密关系，表现出爱人之间的绵绵爱意

4.2.4 斜侧角度

　　在婚礼摄像中，这是一种最为常用的拍摄角度。所谓斜侧视角，是指拍摄位置介于主体的正面与侧面、背面与侧面之间。在此种拍摄角度的表现下，事物的两面均得到表现，立体感突出。斜侧视角下，事物的水平线变为斜线，使画面产生透视汇聚点，利于表现画面的纵深空间感。

◖ 在录制这段视频时，摄像师采用固定的位置以斜侧角度表现婚礼中的新郎和新娘。人物的立体感和画面的纵深空间均得到表现

4.2.5 平视角度

平拍时，相机镜头与被摄主体处于同一水平高度。此种拍摄角度符合人眼的视觉习惯，使画面更具真实感，令人产生身临其境的视觉感受。在平拍的视角下，事物不易产生变形，拍摄时也比其他拍摄角度方便，是常用的拍摄角度。其不足之处在于，不易表现事物的独特性，易使画面过于平淡。在婚礼摄像中，平视角度是画面的主导视角，能够营造出平稳、祥和、圆满的画面氛围。

◀ 拍摄新娘在闺房中与伴娘团互动的片段时，摄像师通过平视的角度来表现出平和、唯美的画面意境

◀ 在婚礼中，摄像师采用平视角度来记录新人互动的画面，叙事性更强

4.2.6 仰视角度

仰拍时，相机镜头低于被摄主体，与被摄主体形成一定角度，从而使影像产生上窄下宽的变形效果。当采用广角镜头拍摄时，这种现象尤其明显。拍摄的角度越低，主体的变形越明显，画面中的地平线越向下，甚至在画面之外。仰拍的视角有利于表现事物的高大（如建筑物、树木）；而在表现人像时，可夸大人物腿部长度，并且令其头部变小，是一种修饰人体的视角。

◀ 在表现酒店等高大的建筑物时，以俯视的角度拍摄是最为常见的。一方面，是受拍摄高度的限制，另一方面，也可使建筑物显得更加高大、气派

◀ 在表现户外婚礼时，摄像师采用较低的视角来表现新人，配合广角镜头透视变形大的特点，使主体人物在画面中显得更加突出

4.2.7 俯视角度

俯拍时，相机镜头的高度高于被摄主体，使事物的顶部呈现在画面中。相机的机位越高，则摄入画面的事物越多。拍摄角度越接近直角，画面的地平线越高，甚至高出于画面之外。俯拍多用于表现大场景，善于表现宽广的视野。在婚礼摄像中，多用来表现整场画面，如婚礼现场、酒席等。

◀ 在记录新娘化妆的场景时，摄像师采用俯视的角度更为细腻地表现出新娘出嫁时的心理活动

4.3 光影及氛围的营造——精准用光

摄像与光是密不可分的。万物因光的照射而形成影像，并被赋予色彩，进而营造出氛围。下面，我们将对不同光位表现、三点布光及布光技巧等进行说明。

4.3.1 不同光位的表现

光是有方向性的，根据其照明方向的不同，可分为顺光、侧光、逆光、顶光，这些都被称为光位。在有光的世界中，光位的不同，会直接影响物体的光影、色彩表现，进而使成像产生很大的不同。下面我们就来了解各种光位的不同表现及其对成像的影响。

○ 用顺光、前侧光营造轻松明快的氛围

顺光照射是指光线从正面照射被摄主体，相机的拍摄方向与光线照明方向一致。在顺光照射下，被摄主体成像清晰，表面形成的阴影很少，色彩表现好，但不利于表现被摄主体的立体感。此种光线一般用来表现明快的色彩，营造轻松的画面氛围。

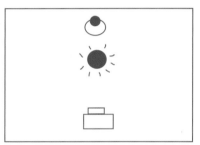

顺光示意图

◀ 在拍摄这个片段时，摄像师采用顺光照明，表现出轻松、愉悦的氛围

前侧光的光位同样位于被摄主体的前方，其照射角度要比顺光倾斜，因而会在被摄主体的表面形成小面积的阴影，从而能够较好地表现景物的立体感。这种光线既弥补了顺光在立体感表现方面的不足，也不会影响被摄主体的色彩表现，是一种被广泛采用的光位。

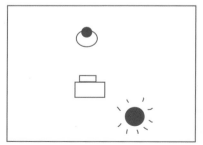

前侧光示意图

◀ 在表现婚鞋时，摄像师采用前侧光照明，较好地表现出鞋的立体感和质感

○ 用侧光、侧逆光表现立体感

　　侧光的光线照射角度要比前侧光更为倾斜，其在被摄主体的侧面照射，与被摄主体成90°角左右。在这种光线下，被摄主体表面会形成更多阴影，明暗对比强烈，立体感突出。在侧光的表现下，事物表面光影多变，令所摄画面厚重，生活气息浓郁，能够更为真实地表现被摄主体。

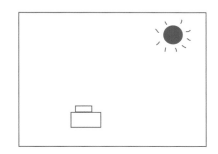

● 侧光示意图

▶ 在拍摄这个片段时，摄像师利用侧光来表现新娘，柔和的窗光使画面的光影丰富，在表现人物的立体感的同时，呈现出唯美、祥和的画面氛围

　　侧逆光的光照角度要比逆光倾斜，景物受光面积小，仅受光一侧形成一条较窄的光边，有利于表现物体的轮廓。在此光位下，被摄主体受光要多于逆光，能够较好地表现景物的立体形态。

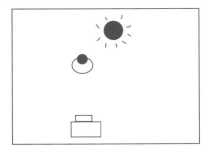

侧逆光示意图

▶ 侧逆光在被摄主体的表面形成了很窄的高光区域，勾勒出人物的轮廓，与暗部形成较为强烈的明暗对比，画面光影层次丰富，从而表现出人物的立体感

○ 利用逆光强调对象轮廓

位于被摄主体背后照射的光线，被称之为逆光。其光位与顺光光照方向相反，与相机相对。在这种光线照射下，被摄主体背对镜头的一面被照射，而面对镜头的一面会被阴影覆盖，光线会在景物边缘形成一轮光晕，勾勒出被摄主体的轮廓。因而如果想要突出物体的轮廓，我们可借助逆光来实现。如果环境光照强度弱，被摄主体前方会形成大片阴影，呈现为类似剪影的画面效果。其不足之处在于，不利于物体立体形态及色彩的细腻表达。

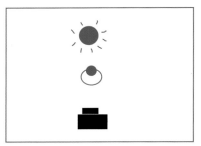

逆光示意图

◀ 窗光形成了柔和的逆光，在人物的四周形成了较窄的光带，勾勒出人物，使其突出于背景

4.3.2 三点布光法

三点布光法是视频拍摄中最为基本的布光方法。所谓三点布光，是指主光、补光和轮廓光。下面我们就来详细了解一下。

○ 主光

主光是照亮主体最为主要的光源，其起到决定主体造型、确定画面基调的作用。在摄制影片时，主光起着主导的作用，其光源特性和投射方向将决定着主体形态、轮廓和质感的表现。无论是在室外还是在室内，录制视频时应首先确定主光的方位，不论景距怎样变化、实际拍摄时间和地点如何不同，主光的方位都应不变，以使画面的光效统一。

三点布光示意图

◆ 在此截图中，人物前方的光是主光，从而使人物的正面容貌得到表现

主光

○ 补光

补光的光位通常被安排在与主光相对的位置，是用来填充阴影区以及被主体光遗漏的场景区域，调和明暗区域之间的反差，同时能形成景深与层次。补光的光质大都很柔和，照度均匀而广泛，亮度要弱于主体，一般是主体光的50%～80%。

补光

⬢ 在此截图中，主光为人物侧面的窗光，为了使处于侧逆光中的人物正面得到较好的表现，摄像师在模特右前侧安排反光板为人物正面补光，使其暗部层次也得到了较好的表现

○ 轮廓光

轮廓光的光位在主体之后，一般采用逆光或者侧逆光照明，以勾勒出主体的轮廓。轮廓光可以将物体与环境隔开，使画面产生深度和层次。轮廓光一般光质较硬、照射面积小、方向明确。

轮廓光

⬢ 在此截图中，窗光充当了轮廓光，在人物的头部、肩部和手臂处形成很窄的光边，勾勒出人物的身体轮廓

4.3.3　在婚礼中巧用环境光

对于婚礼摄影而言，拍摄的主体都是运动的，无论主体人物，还是宾客，其活动的方向都是不确定的，因此，处于工作中的相机也是处于随时移动之中的，这就给布光带来了很大的难度。这时，我们可以遵循三点布光的原则来布光。这样，无论机位在何方，无论主体在何处，三个位置上的光位确保了主体永远处于光线的照射范围之内，并使主体得到立体的表现。

△ 巧用现场光拍摄的婚礼视频画面

△ 在这个片段中，摄像师较为巧妙地利用现场光拍摄。窗光作为逆光勾勒出人物的轮廓，而室内灯光则照亮了环境，在这里充当了主光的作用。人物前面的白色衬衫则起到了为人物面部补光的用用，使被摄主体得到了较好的表现

在婚礼中利用LED灯为人物补光

△ 在这个片段中，室内顶灯将环境照亮，在这里充当了辅光，背景墙壁反射了光线，充当了背景光的作用，而主光则是位于人物前方的LED灯，从而使人物得到了较好的照明

△ 未用LED灯的效果

4.3.4 在拍摄现场找准色调

在拍摄婚礼视频时，由于拍摄环境处于不断变化之中，光源所表现出的色调会有所差别，而如果在一场婚礼影片中画面的色调不同，会给人以割裂的感觉，影响影片的完整性。因此，控制好视频中的色调，使整个影片的色调统一显得很重要。基于以上原因，设置好现场光的色调，调整色温是拍摄影片很重要的一环。我们需要对相机的色温，以及现场环境的色调进行设置。另外，应特别注意灯光的变化，如果场景中的光源使画面中的色彩、质感发生了改变，相应地，画面色调也会发生变化，将观众的情绪从影片中分离出来，为了不影响画面情绪的表达，我们应随时校正画面的色调表现。

△ 校正相机的色温

⬤ 暖调效果的画面，营造出温馨、浪漫的画面氛围

⬤ 冷调效果的画面，营造出清新、唯美的画面氛围

⬤ 上图是在不同场景拍摄的，摄像师将其调整为相同的画面色调，使画面的主题、氛围表现更加统一

　　尽管可以利用后期调色工具来修复画面的色彩，但是我们还是要从一开始就将画面的颜色拍准确了。不要仅依靠后期校正，否则将需要花费更多的时间和金钱（调整后的效果多少也会显得不自然）。因此，一定要尽可能地在前期就拍摄出色彩正确的画面。

⬡ 不同光源的色温

光　源	色温（K）
日光	5200
阴影	7000
阴天、黎明、黄昏	6000
钨丝灯	3200
白色荧光灯	4000
地平线日光	5000
蜡烛火焰	1700

○ 校正人物的肤色

在婚礼摄像中，人物是画面中的主要表现对象，因此，调整画面的色调时，一定要以人物的肤色为参照。

○ 避免画面过于偏色

尽管画面的色调可以很好地营造氛围，但是，我们不能使画面过于偏色，否则会使画面色调的调整变得局限，也会影响到后期色调的调整。

◑影片中，人物肤色应得到正常表现

◑过于偏色的画面会影响色调的调整

○ 使用灰卡校正

在进行色调校正时，使用灰卡能够有效校正画面色调。其小巧便携，能够起到精确校色的作用。下面以佳能相机为例，对灰卡校色的操作方法进行说明。

STEP 1 将对焦模式设置为手动。将现场中的白色物体充满画面，进行手动对焦拍摄

STEP 2 在拍摄2菜单中选择"自定义白平衡"选项，按下设置按钮

四色灰卡

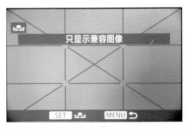

STEP 3 屏幕将显示刚才拍摄的图像，按下设置按钮

STEP 4 弹出问询对话框，选择"确定"选项，按下设置按钮

STEP 5 弹出确认对话框，按下设置按钮确定

STEP 6 在拍摄2菜单中选择"白平衡"选项，按下设置按钮

STEP 7 在白平衡设置界面中选择"自定义"选项，按下设置按钮

4.3.5 在户外照明条件下的拍摄

无论婚礼的举办场地是在哪里，婚礼摄像中一定会有户外拍摄的情况（如接亲迎新环节）。所以，我们应做好在户外拍摄视频的准备。在户外，自然光线是主光，而且在一般情况下，我们仅使用自然光进行拍摄。而自然光的光位、光照强度是在不断变化的，如果我们使用了手动曝光模式，其曝光参数的设置要随时调整，否则会直接影响到画面的曝光表现。因此，在大多数情况下，进行户外拍摄时，建议大家将曝光模式设置为手动曝光以外的模式，这样，相机会根据现场光线的变化而进行自动调整，为我们省去很多不必要的麻烦。

◐ 在程序自动曝光模式下，光圈和快门速度是由相机自行设置的，以确保画面曝光正常

◐ 在光圈优先自动曝光模式下，相机会根据所设置的光圈值来设置符合现场光线的快门速度

◐ 在户外拍摄时，如果使用M手动模式，建议将感光度设置为自动，以确保得到合理的曝光

在户外拍摄时的画面

▷ 在户外拍摄这组新人的视频时，正值晴天，光照强度大，摄像师采用了快门优先自动曝光模式，设置了较高的快门速度，感光度设置为ISO 100，尽量避免画面曝光过度

在户外，如果使用侧逆光、逆光或者在阴影处拍摄，事物在画面中会显得很暗，这时，我们可以使用反光板在相反位置为背光的部分补光。这样，既可以丰富暗部层次，也可以保证画面光效的协调统一。

▷ 拍摄现场，在阴影处拍摄时，使用反光板为暗部补光

在拍摄之前，我们一定要密切关注当天的天气预报，以做好相应的准备工作。如果碰巧赶上多云间晴的好天气，这意味着平稳的光效有了保障。薄薄的云层可将阳光变得柔和，从而得到柔和、均匀的光线效果。

⬤ 在有薄云的晴朗天气下拍摄的画面

天气并不总是如我们所愿，如果我们碰到了阴天天气，还可以通过减光来控制曝光。在阴天时，云层很厚，光线非常均匀，会影响事物立体感的表现，这时我们可通过黑色的遮光物体来制造阴影，表现阳光照射的效果。

⬤ 在拍摄现场，摄像师使用黑色反光板人为制造阴影效果

4.3.6　低照度条件下的拍摄

拍摄婚礼视频时，在低照度条件下拍摄的情况也是很多的。进行户外拍摄时，在阴影中、阴天环境、清晨和傍晚时拍摄，户外的光线是很暗的；在室内拍摄时，如果仅使用自然光照明，那么需要摄像师能够根据现场光线环境灵活用光。基本上新人家的室内光线是无法满足拍摄需要的，有时，为了确保画面的亮度，需要将相机的感光度调高，必要时，应根据画面效果来提前安置用于摄像照明的灯光。

⬤ 在拍摄这个场景时，现场光线很暗，摄像师凭着丰富的经验，巧妙地利用了这种光线，让新娘将双腿放在室内光线稍亮的位置，使其在暗光环境中得到突出，并使画面呈现出幽静、神秘、性感的情调

很多情况下是无法布光的，这就需要我们更加巧妙地利用相机了。我们可以从以下几个方面入手。

使用较高感光度

感光度是指感光元件感知光线的敏感程度，以ISO表示。ISO每升高一级，相机的感光元件就增加一倍。当拍摄环境的光线较暗时，可通过设置较高的感光度来达到提高画面亮度的目的。虽然使用较高感光度会为画面带来噪点，不过这一现象已经随着相机的不断升级而变得越来越不明显了。

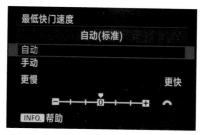

⬤ 在设置感光度时，可以设置较高的感光度范围

⬤ 为了维持快门速度平稳，还可设置最低的快门速度

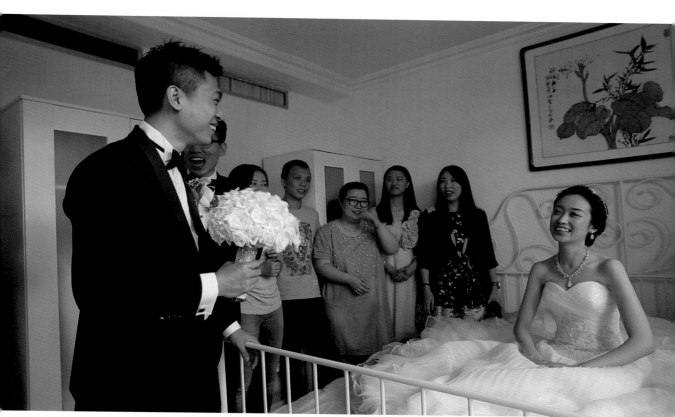

⬤ 在新娘房中拍摄时，室内光线一般较暗，摄像师可以将感光度适当调高，以确保画面的曝光正常

使用较低的快门速度

快门速度是指快门从开启到闭合的时间。在其他拍摄参数相同时，快门开启的时间越长，进入镜头的光量越多；快门开启的时间越短，进入镜头的光量越少。由此可知，较低的快门速度会增加进入镜头的光量，并且为了让画面内的动作更加流畅自然，快门速度应不能快于1/60秒。因此，设置较低的快门速度，既可以应对暗光环境下的拍摄，又能够得到更加自然的效果。

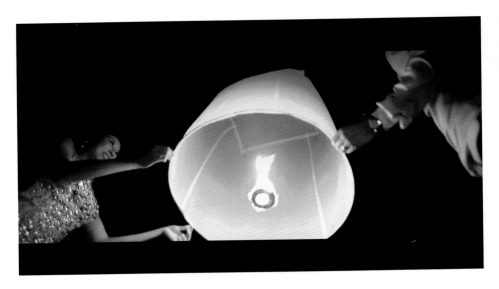

在暗光环境中拍摄时使用低速快门拍摄的画面

◀ 现场是漆黑的大海，只有孔明灯一个光源，摄像师将快门速度设置在1/30秒，并将感光度设置为ISO 1600

📷 **小提示**

在拍摄电影时快门速度的设置原则

关于快门设置，一般我们在拍摄视频时会把快门设置在1/30秒，并且保持不变，根据需求调整光圈和感光度来控制画面。这个1/30秒也是单反视频快门档的最低速度，在使用中我们发现，如果高于这个速度有可能会出现如视频不流畅、有卡顿感等问题。在环境中有灯光影响的情况下，画面会出现频闪。

🔺 在暗光环境中拍摄时使用大光圈拍摄的画面

○ 设置较大光圈

光圈存在于镜头内部，是用于控制进入镜头光量的装置。光圈是由若干金属叶片组成的大小可调的光孔。光孔开合的程度决定着光线进入镜头的多少。光孔开得越大，进入镜头的光量越多；光孔开得越小，进入镜头的光量越少。因此，在暗光环境中，我们可以设置较大的光圈来提高画面的亮度。

📷 **小提示**

在设置光圈时也要考虑对焦的准确

在婚礼摄像中，绝大多数情况下，拍摄的画面是动态的。也就是说，对焦点处于随时改变的状态，如果设置大光圈，要想保持对焦准确是很困难的。因此，在拍摄动态画面时，最好设置较小的光圈。

4.3.7　轻便型LED灯的使用

　　灯具对于视频拍摄而言的重要性是不言而喻的。常亮且色温恒定的光源是我们所需要的，在婚礼摄像中最为常用的灯具是轻便型LED灯。LED是发光二极管的缩写，是一种能发光的半导体电子元件，被称为第四代光源。虽然LED早在1962年就已出现，但当时只能发出低光度的红光，仅被用做指示灯。随着技术的进一步发展，特别是白光LED的出现，使LED灯被广泛应用于照明领域。LED灯具有高光效、低能耗、高寿命、无频闪、启动快、体积小、发热小、绿色环保、无有害光辐射、冷光源等特性，非常适合摄像用光的要求。

● LED灯

● 使用LED灯现场布光（拍摄场景）

● 使用LED灯照明时的拍摄效果

4.4 录音——不可或缺的重要部分

　　影片是由画面和声音共同组成的，录音的重要性是显而易见的。婚礼摄像师需要对婚礼现场进行收音，不但要录制到声音，也要保证录音的质量，那么要如何做到呢？下面，我们将从音频技术要点、话筒的选择、声音的录制等方面进行说明。

4.4.1　音频术语

　　为视频录音会涉及一些关于音频的术语，如单声道、多声道、立体声等。那么这些声音形式是如何区分的？又如何区分这些声音呢？怎样才能得到我们需要的声音形式呢？下面，我们就来了解一下。

○ 单声道

　　单声道是只记录一个声道的声音。如在录音时只使用了一支话筒，那么这支话筒传送的声音会被记录到一个声道中。

○ 双重单声道

　　双重单声道是指把两个不同的单声道声音分别传送并记录到摄像机的左右两个声道中。

○ 立体声

　　立体声录音允许把声音分别录入左右两个声道中，并将它们混合。如果我们使用的是立体声话筒录音，那么就可以将声音均衡地记录到左右两个声道中。我们还可以使用一些附加的设备把两个声道的声音互相混合或分开。

○ 多声道

　　多声道有时是指环绕立体声系统。但更多的时候是指记录两个或两个声道以上的音频。这种类型的声音一般都是在后期制作部分创建的。

○ 采样频率

　　采样频率是指在一秒的时间里录音设备所收到的声音次数。通常来说，采样频率越高声音的质量也就越高。如使用22kHz的采样频率的声音效果会变得比较闷，而使用48kHz的录音采样频率后，声音效果就会显得很纯净。

○ 比特深度

　　比特深度（Bit Depth）的概念广泛应用于数字音乐领域，在数字声音中用于表达声音取样值所使用的比特数。比特率是指每秒传送的比特（bit）数，单位为bit/s，比特率越高，传送数据速度越快。声音中的比特率是指将模拟声音信号转换成数字声音信号后，单位时间内的二进制数据量，是间接衡量音频质量的一个指标。视频中的比特率原理与声音中的相同，都是指由模拟信号转换为数字信号后，单位时间内的二进制数据量。在视频里，较高的比特深度可以允许每个像素点得到更大的亮度和色彩范围。在音频里，较高的比特深度可以更平顺地混合频率，以及扩大动态范围。

　　数码单反相机提供的最大的比特深度通常为16bit。为了得到更大的比特深度，很多专业人士转而开始使用外部的录音设备。有很多这样的设备可以录制20bit和24bit的音频。这对于普通的对话和语言类的节目来说有点大材小用了，但对于婚礼摄像来说却是非常必要的。

4.4.2 话筒的选择

虽然数码单反相机配备有内置话筒，但是一般情况下，因其功能的限制，以及音色的较弱表现，我们仅将其所录制的声音作为后期制作时的同步外部录音的音频。因此，我们需要选择外置话筒来收音。下面介绍一些不同种类的话筒。

〇 内置话筒

数码单反相机配备有内置话筒，一般情况下，我们将其所录制的声音作为后期制作时的同步外部录音的音频，或者同步多机位拍摄的视频。在更多的情况下，我们应另外选择使用性能更好的外置话筒进行录音。

▲ 相机的内置话筒

〇 机头话筒

除了内置话筒外，还有很多适合相机的录音话筒，有的话筒还可以直接安装在相机顶部的热靴上，并可以直接把接口插入相机机身上的mic接口，这就是机头话筒。这种话筒是使用电池供电的。

▲ 安装机头话筒的相机

〇 枪式话筒和挑杆

枪式话筒具有很强的指向性，可以屏蔽掉来自侧面和后面的声音。因为枪式话筒主要采集其正面方向传来的声音，所以它是对话录音的最佳选择。使用挑杆能让录音师站在画面外，却把话筒放到一个离讲话对象距离合适的位置。可伸缩的挑杆的材质是铝或碳纤维的，它可以极大地减少晃动或者录音师手持操作时轮流指向多个演员所发出的噪音。使用挑杆也就意味着画面内不会露出。为了更好地减少噪音，在话筒和挑杆之间还要安装一个减震支架。

▲ 安装在挑杆上的枪式话筒

〇 领夹式话筒

使用领夹式话筒可以很好地将我们所要录制的人物的声音独立出来，这种话筒通常都放在人物的衣服或者领子上。因为话筒就放在人物身上，所以它能把你要的声音和其他你不想要的声音分离开。领夹式话筒分为有线和无线两种，无线的好处是被摄主体可以自由地走动。

▲ 领夹式话筒

◯ 话筒的拾音方式

应根据拾音方式来选择话筒。

如果我们想要用一支话筒采集很多声音，应该选择全指向的话筒。这种话筒对于来自各个方向的声音都会做出灵敏的反应，特别适合在背景噪音很小的环境中使用。

如果我们只想采集来自话筒前方的声音信号，而不想采集其后方的声音，就选择心型指向的话筒。还有一种窄心型指向的话筒，其对前方的声音敏感区域更小，但同时也会采集一点接近话筒后部的声音。

如果想主要采集前方的声音，还可以选择枪式话筒，其允许采集一点点来自侧、后方的声音。

4.4.3 录制声音

除了话筒，录制声音还需要多种装备，如使用独立的录音记录系统、使用数字录音机等。

◯ 双系统记录

双系统记录是指使用两套记录系统，一套记录音频，另一套记录视频。使用独立的系统来记录音频，对于无法处理高质量音频信号的视频设备是一种很好的方法。对于使用数码单反相机拍摄视频来讲，这种方法可以达到比较好的录音效果。

◯ 用数字录音机来记录音频

这种设备可以记录纯净的声音，其专业性可以对音频进行非常精确的处理。用数字录音机可以进行两路、四路和更多的音频声音的记录。很多音频录音机可以记录的采样率高达192kHz的24bit音频信息。有的录音机还具备WAW、AIFF、MP3的音频格式。除此之外，绝大多数的录音机可以支持各种不同帧速率的时间码，使音频、视频的同步操作更简便易行。

◯ 现场声音同步

如果采用独立的音频系统来录制音频，那么，我们还需要保证音、画的同步。因此，在录制现场，我们需要采取一些措施，制作同步的标记，而这一功能是由场记板来完成的。专业的场记板有两种功能，一是可以记录拍摄中的信息，二是可以发出清脆的拍击声。在后期制作的时候，要在视频文件中找到场记板合上的那一帧画面，同时也要在音频文件中找到同一点的声音，这样就可以将这两点同步了。如果在现场中我们无法使用打板，还可以用拍巴掌的声音来代替。除此之外，我们也可以在相机中设置时间码。

◯ 使用场记板打板

◯ 相机中的时间码设置项目

调准音频电平

为了避免声音音失真，在音频设备上把电平的最高峰值设置到6dBFS，平均电平为-20dBFS～-10dBFS，这样可以给瞬间音频留出上升空间，让它们不会被削减。如果为单独的人录音，请试着把同样的音频信号降低3dBFS后同时录制到录音设备的第二个声道中，以防止被摄主体突然提高声音而导致第一声道失真，而第二声道所录制的声音不会失真，从而确保录制到不失真的声音。

△ 设置音频电平

使用话筒放大器

使用一个音频放大器就可以很方便地把话筒与数码单反相机连接，并且录制出较高质量的声音。除了放大音量，话筒放大器具备电平控制、声道平衡控制、输入增益，以及幻象供电等多种功能。不论使用哪种话筒都可以通过音频放大器将其与相机连接。

△ 话筒放大器

使用调音台

调音台可以将多种话筒或者音频线路连接在一起，通过调整电平、调整左右声道和EQ（低频、中频、高频）把它们混合在一起，然后再把它们混合输出到录音设备中。一个调整台可以输入很多线路，并且可以对音频进行EQ（低频、中频、高频）或者均衡的调节。

△ 调音台

音频监听

为了确保音频能够得到及时、有效地录制，对音频的监听是非常有必要的。我们需要使用外置的录音设备或者话筒放大器通过耳机进行音频监听。监听时，最好使用入耳式或者是能包住耳朵的头戴式耳机。

▷ 使用头戴式耳机监听音频

4.5 备份很重要

拍摄出好的视频素材需要付出比拍摄图片更多的努力。对于婚礼摄像而言，我们只有一次拍摄机会，所以，必须确保视频文件的安全。那么如何做到呢？首先，请准备一个多接口的读卡器，读卡器的读取速度要快。另外，应随身携带笔记本电脑，这样可随时存储拍摄好的视频，并且可以及时检查拍摄质量。除此之外，建议大家将录制好的视频刻录到光盘上，或者多复制1份备份。

IO 小提示

利用相机做备份

1.如果你的相机具备无线上网功能，可以通过在相机中安装Eye-Fi卡（佳能）或使用UT-1通信单元（尼康）将文件上传至计算机或网络中。

2.如果你的相机可以安装2个存储卡，那么，可将第二张存储卡设置为备份，这样可有效避免因存储卡损坏而造成文件丢失的情况发生。

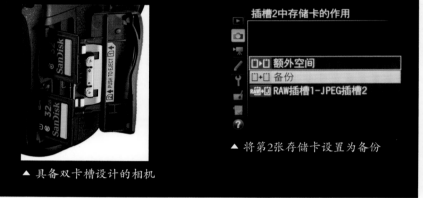

▲ 具备双卡槽设计的相机

▲ 将第2张存储卡设置为备份

第 5 章

摄像人员的专人专项

婚礼摄像三大分工　　机位分工　　不同机位拍摄方案　　现场灯光的配合及现场音响收音　　走位　　摄影助理的作用

5.1 婚礼摄像三大分工

在大多数情况下，根据拍摄需要，婚礼摄像是由多部机器、多名工作人员共同完成的。这就涉及到了分工合作的问题。分工一般包括三类：根据镜头的焦距分工、根据辅助拍摄设备分工和根据拍摄场地分工，下面分别对其进行介绍。

5.1.1 根据镜头的焦距分工/分镜头

使用单反相机录像，镜头所覆盖的焦段决定其取景，并且调焦方式无法如摄像机一样连续自动对焦。而在拍摄现场，被摄主体处于运动状态，且行动方向具有不确定性，如果频繁地对镜头进行调焦，势必会漏掉很多细节。为了避免此现象，可采取跟拍的方式，使机位与拍摄对象一直保持同一个拍摄距离，以确保被摄主体的对焦清晰。如此，而引发的另外一个问题，就是无法记录除被摄主体之外的场景和画面，所以就需要安排多个机位对其他场景进行拍摄，这就是根据镜头焦距分工。在镜头焦距的分布上，一般可用85-100mm的镜头焦距拍摄新人和特写画面，用18-35mm的广角镜头拍摄大场景。

🔺 使用广角镜头在固定位置拍摄大场景，表现场景的大气势

使用长焦镜头拍摄特写画面

🔺 特写镜头更能表现亲情，渲染意境

使用标准镜头对新人进行跟拍

🔺 在较为宽阔的空间，使用标准焦段拍摄近景，画面更具临场感

多机位拍摄应注意的问题

1. 在安排多机位进行拍摄时，建议采用同品牌摄像机，否则后期制作时会由于色彩还原不同而出现色彩偏差的问题。

2. 负责各机位的摄像师应事先沟通好各自的拍摄内容，强调主机位的重要性，避免重录和少录现象的发生。

分镜头详解

  由多个镜头分不同角度分别对同一场景进行拍摄，称之为分镜头。在婚礼摄像中，利用分镜头可丰富影片的表现，使内容更完整。分镜头有多种表现形式，在此对最为常用的手法进行举例说明。

分镜头的表现方法一：一个场景多种景别

▲ 使用镜头的长焦端拍摄特写画面　　　　　　▲ 使用镜头的标准焦段拍摄

分镜头的表现方法二：一个场景多种角度

▲ 使用长焦镜头拍摄特写画面　　　　　　　　▲ 使用标准镜头对新人进行跟拍

分镜头的表现方法三：一个场景多种景别和角度

▲ 使用长焦镜头拍摄特写画面　　　　　　　　▲ 使用标准镜头对新人进行跟拍

5.1.2 辅助拍摄设备的分工

拍摄录影需要很多辅助的工具和器材。如照明设备、音响设备、滑轨和稳定性等。在拍摄时，特别是在多机拍摄的情况下，需要有专门的人员来机动地管理、调配和安装这些器材，以确保拍摄的顺利进行。

⬤ 摇臂是常用的辅助拍摄器材，其结构复杂、外形巨大，安装和搬运费时、费力，需要专业人员安装

⬤ 三脚架和照明灯是拍摄中必备的器材，在拍摄中，摄像师不可能一个人既负责拍摄，又负责照明，因此需要摄影助理来协助拍摄

5.1.3 拍摄场地分工

婚礼摄像要把握好全局，根据现场的布局和典礼过程安排机位。婚礼典礼是整个婚礼的高潮部分，是最为重要的部分。一般而言，婚礼摄像应兵分两路，一路跟随新郎、新娘在婚礼现场拍摄；另一路则应在新人和宾客未到达典礼场地之前，提前到场布置，组装设备及确定拍摄位置。

⬤ 在典礼未开场之前，工作人员提前到场安装摇臂

⬤ 录像人员在婚礼进行中拍摄

⬤ 在典礼未开场之前，工作人员安装摄影灯并调整灯光亮度

5.2 机位分工

婚礼摄像，最重要的就是机位的分工。合理的机位分工，会令拍摄顺利进行，把控全场。而如果分工不合理，一方面会浪费拍摄资源，使拍摄效果凌乱；另一方向则会使拍摄视角单调，不能全面掌控全局，使影像素材缺失。由此可见机位分工的重要性，下面我们就对此进行说明。

5.2.1 主机位

主机的拍摄任务最为重大，一般会安排经验丰富、拍摄水平优秀的摄像师。主机主要负责拍摄婚礼的全过程。在婚礼现场，新郎、新娘是我们镜头中理所当然的主角。因此，主机应以新郎、新娘为主，无论跟拍还是固定机位拍摄，应优先考虑新人。主机拍摄时，一般应配置灯光，即所谓的“打光”，使画面中的影调明快、鲜亮，以表现喜庆洋洋的氛围。

主机位的镜头配置应采用变焦镜头，既可利用长焦端拍摄特写画面，也可利用广角端在狭窄的场景下近距离拍摄，还可表现大场景画面。

使用105mm长焦镜头拍摄的画面截图

环境较为狭窄，此时使用广角镜头拍摄，可令环境显得宽阔，主体突出

三脚架应在拍摄典礼时使用，将机位固定于三脚架之上，一方面可将摄影师从手持拍摄中解放出来，另一方面也有利于得到稳定的画面效果。

相机的拍摄角度向前

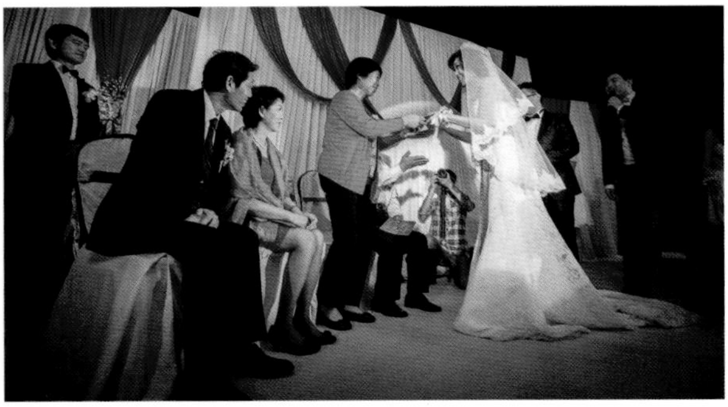

相机的拍摄角度转为斜侧

上面两图是在典礼中拍摄的。在举行仪式的主席台附近，将主机固定于三脚架之上，通过调整拍摄角度来录制典礼过程。

5.2.2　游机1

　　所谓游机，是指除主机之外的机位，其作用是辅助主机工作，捕捉那些主机无法录制的画面。如果主机在拍摄新人，则可将游机1安排在主机的侧面位置，拍摄大场景及众人。因此，在取景表现上，应以广角为主，配备广角镜头，以表现中景和全景画面。

　　在拍摄时，可使用小斯来稳定、固定相机。所谓小斯，是指手持录像稳定器，轻便而灵活。通过为相机安装小斯可以缓解手持拍摄的稳定性，使拍摄的画面平滑顺畅。

🔺 游机1拍摄的画面截图，捕捉现场花絮

🔺 游机1：摄像师手持安装相机的小斯来工作

🔺 采用游机1拍摄的画面截图，表现观众席上的新人父母和宾朋

5.2.3　游机2

　　游机2同样是用来辅助主机进行拍摄的，用于补充主机和游机1所不能捕捉到的画面。在规划了主机和游机1的工作任务后，游机2的工作任务就显而易见了。如果主机在拍摄新人，游机1在拍摄大场景，则游机2则可表现细节和特写部分。如新人的面部表情、服装细节，手部动作（交换戒指、倒酒等动作），观众表情、动态等。所以在镜头的搭配上，应选择长焦镜头。

　　在拍摄时，可使用摄像专用的液压独脚架来固定相机，通过手柄摇摄，确保对焦和拍摄的操作稳定。适合用长焦拍摄、视频录制、运动摇摄。

🔺 利用液压摄像独脚架拍摄

🔺 采用游机2拍摄的画面截图，表现新娘背面上妆的特写

5.2.4 摇臂

　　摇臂是大型摄像辅助器材，以长力臂来安装拍摄器材，可在高位进行上下、左右摇拍，在影像录制中被广泛应用。高角度俯拍大场景时，使用摇臂来安装摄影机可以得到地面上拍不到的画面。拍摄者轻松地摇移，就能拍摄出平滑的画面效果。在镜头的选择上，应采用广角镜头，表现大全景，体现现场的总体效果。

⬤ 使用摇臂拍摄的画面截图

⬤ 安装单反相机的摇臂

5.3 不同机位拍摄方案

　　应根据新人婚礼实际的场面安排和资金预算，来安排婚礼摄像中的机位数量。最常见的有三种机位组合：三机位、四机位、五机位。下面分别对其特点及其任务安排进行介绍。

5.3.1 三个机位的定位及拍摄内容

　　三个机位的摄像组合是婚礼摄像中最为常用的，可较全面地捕捉到婚礼流程，且花费最少，经济实用。此组合的机位安排如下。

　　镜头安排：主机搭配标准变焦镜头，游机1搭配广角变焦镜头，游机2搭配长焦变焦镜头。

　　第一阶段：从早晨开始，主机负责跟拍新郎和车队，游机1和游机2全部在新娘家，以游机1为主，跟拍新娘化妆及家人，游机2拍摄特写画面。

⬤ 主机在新郎家拍摄的画面截图：母子交流

⬤ 采用游机1拍摄的画面截图：新娘上妆

⬤ 采用游机2拍摄的画面截图：新娘妆后特写

⬤ 摄像师正在新娘家进行摄像工作

第二阶段：新郎到达新娘家前后，游机2拍摄迎亲画面，游机1拍摄新娘屋内场景。

⬤ 游机2拍摄：新郎接亲车队到达

⬤ 主机拍摄：新郎扣门

⬤ 游机1拍摄：接亲

⬤ 游机1拍摄：闺房堵门

📷 小提示

在拍摄堵门环节时应注意的事项

堵门环节，门外空间大都比较狭窄，而人员众多，场面虽然热闹，但也容易造成小混乱，摄像师的拍摄位置不可靠得过近。否则拍摄的画面有限，且由于拥挤、推拉，不容易平衡机身，不仅会导致拍摄的画面抖动，还很可能危及相机的安全，进而影响拍摄。正确的做法是，摄像师站在较远的位置以高位拍摄，一则可控制全局，二则可确保画面稳定和相机的安全。

在撞门后，主机跟拍新人，游机1负责拍摄新娘父母亲朋和陪嫁场景，游机2负责拍摄特写。

⬥ 主机拍摄：求婚

⬥ 游机1拍摄：新娘父母

⬥ 游机2拍摄：特写

⬥ 游机2拍摄：穿鞋

⯀ 小提示

接亲环节变数多

接亲环节在整个婚礼中是一个小高潮，在堵门、找鞋等项目中，不确定因素很多，摄像师应具备随机应变的能力，能够及时捕捉到瞬间的精彩画面。

第三阶段：进行典礼时，主机主要拍摄典礼、新人敬酒、送客等流程，游机1拍摄酒席大场景画面，游机2负责拍摄特写镜头，如新人的特写、宾客的表现等。

⬥ 主机拍摄：典礼

⬥ 主机拍摄：敬酒

▲ 游机1拍摄：酒席

▲ 游机2拍摄：特写

5.3.2　四个机位的定位及拍摄内容

四个机位的摄像组合机位安排如下。

分为两组，各组有一主机，主机1拍摄新郎，主机2拍摄新娘，游机1拍摄大场景，游机2拍摄特写。

镜头安排：主机1搭配标准变焦镜头，主机2搭配广角变焦镜头，游机1搭配广角变焦镜头，游机2搭配长焦变焦镜头。

第一阶段：从早晨开始，主机1负责跟拍新郎，游机1负责拍摄大场景和车队；主机2负责跟拍新娘化妆及家人，游机2拍摄特写画面。

▲ 主机1拍摄：新郎活动

▲ 游机1拍摄：车队

▲ 主机2拍摄：新娘活动

▲ 游机2拍摄：特写

第二阶段：当新郎到达新娘家前后，主机1拍摄新郎，游机1拍摄大场景。在新娘屋内，主机2拍摄新娘及闺蜜堵门情况。在撞门后，主机1跟拍新人，主机2负责拍摄新娘父母、亲朋和陪嫁场景，游机1拍摄大场景，游机2负责拍摄特写。

⬧ 主机1拍摄：撞门

⬧ 主机2拍摄：开门

⬧ 游机1拍摄：找鞋

⬧ 游机2拍摄：特写

　　第三阶段：进行典礼时，主机1主要拍摄典礼、新人敬酒、送客等流程，主机2以相对稍侧的视角进行补充拍摄；游机2负责拍摄特写镜头，如新人的特写、宾客的表现等。使用摇臂安装游机1拍摄全景画面。

⬧ 主机2拍摄：典礼

⬧ 主机1拍摄：典礼

游机2拍摄：特写

游机1拍摄：全景

5.3.3 五个机位的定位及拍摄内容

采用五个机位摄像的机会并不多，如果婚礼的场面大，环节繁多，那么可选择此组合，其机位安排如下。

分为三组，组1、组2、摇臂。组1配主机1、游机1；组2配主机2、游机2；摇臂配游机3。组1拍摄新郎，组2拍摄新娘，游机3+摇臂拍摄大场景。其中，组1和组2的功能与四机位的安排一致，在此不再重复讲解。仅对摇臂的使用情况进行说明。

镜头安排：主机1搭配标准变焦镜头，主机2搭配广角变焦镜头，游机1搭配广角变焦镜头，游机2搭配长焦变焦镜头，游机3搭配广角镜头。

由于摇臂的拍摄范围大，可达到特殊的视觉冲击效果，更好地实现受众多角度观看的视觉欣赏需求。使用游机3搭配摇臂的使用场合主要体现在2个环节：外景婚礼庆典和饭店婚礼庆典。

🔺 上面的三个画面是使用摇臂拍摄的片断截图。摇臂在高处，采用高位俯拍，并结合左右摇拍，令画面效果更具优美的韵律感，并表现出场景的宏大。

游机3+摇臂拍摄：饭店内景

◀ 左图，通过调整摇臂的拍摄角度和高度，令拍摄更具震撼效果。在拍摄此婚礼时，使用两架大型摇臂。在画面中，我们可以看到在前景也安排了一架摇臂

🎦 小提示

摇臂在婚纱摄像中的优势

使用摇臂拍摄时，理想角度可达360°，镜头不但可以实现普通固定机位的大全景镜头和近景等，还可以捕捉到其他摄像机无法实现的细节画面，以及俯拍、仰拍角度，从而更好地实现受众多角度观看的视觉欣赏需求。在拍摄过程中常采用违反受众观看心理的移动广角镜头，以达到特殊的视觉冲击效果。

5.4 现场灯光的配合及现场音响收音

婚礼摄像，还涉及现场灯光的设计和收音问题，其影响着影片的氛围效果及其声效表现。在此，我们对其进行说明。

5.4.1 灯光配合

婚礼灯光设计包括两方面，一方面是氛围的营造，另一方面是在室内或较暗的环境中对参与摄像的机器进行补光。下面分别对其进行说明。

○ 补光

婚礼摄像中需要进行补光的情况有三种：环境光线很暗、逆光环境拍摄、在室内举行典礼时。补光时最好使用常亮光源，这样不会使录制的影片部分过亮，效果更自然。在进行补光时，可将补光设备安装于机顶的热靴部分，或者利用闪光灯支架来安装，这样是最为省事的方法，不必另配专门的补光人员。另一种补光的方法是专人照明，可使用追光灯或补光灯。

◉ 将闪光灯安装于灯架上

补光光源

◀ 在录制此环节时使用了补光，主要人物的受光要明显亮于环境，使主体得到了突出。

◉ 将闪光灯安装于机顶热靴上

◉ 在举行典礼时使用追光灯

🖰 小提示

关于补光

在婚礼摄像中补光是个费力不讨好的事情，一则婚礼现场人多、事多，在拥挤的环境中要做好补光与拍摄的紧密配合，费时、费力；二则容易引起婚礼现场中人们的紧张情绪，进而使人们的神情显得不自然。因此，如果环境光线能够满足相机摄像的基本要求，原则上能不补光就不补光。

○ 用光线营造氛围

对于婚礼摄像师来讲，其工作不仅只是单纯地纪录，还应具备导演的才能。拍摄现场的灯光在很大程度上影响着影片氛围的营造。设计灯光时不仅要完成对现场气氛的渲染和烘托，还要想办法去遮蔽现场的不利因素并提升现场的亮点部分，并与舞台设计、花艺设计、装饰设计相配合才会营造出最完美的视觉效果。

◎ 玫瑰紫的光效营造出大气而浪漫的氛围

📷 小提示

典礼灯光布置

布置典礼灯光应注意以下几点：

1. 如果是临时搭建的典礼舞台，一般在大厅的边缘安置灯光，那里的灯光是最不明亮的地方，而昏暗的灯光是婚礼录像最忌讳的。虽然有的固定舞台上方也布置了不少的灯具，但大多数都是筒灯，而筒灯是从房顶向下照明，会在人物的鼻子、眼睛、嘴唇下面产生阴影。此时可在舞台前方左右两侧45°的位置，临时安装2支灯光（光源的明暗可调节最好），临时灯光从舞台两侧45°照向舞台，这样就可以解决新人面部灯光阴影的问题了。

2. 大厅灯光应明亮、通透、照度均匀，这样在拍摄新人敬酒的镜头时可以拍摄到清晰的图像。

3. 要在拍摄前与相关人员落实好酒店操控灯光开关的负责人，以便及时沟通。

5.4.2 现场收音

在摄像中，录音和影像各占半边天，音效的表现直接影响着影片质量。在婚礼现场，现场的声音录制更具有纪念意义。在婚礼摄像时，多采用现场收音，将录音话筒直接和相机相连。在录制完成后，通过后期剪辑加工完成。

◎ 将收音筒安装于机顶热靴上

◎ 拥有录制短片功能的数码单反相机具有话筒功能

5.5 走位

在婚礼摄像中，被摄主体大多处于运动状态，因此除了在固定位置拍摄，摄像师主要依靠走位来拍摄。走位决定了影片的表现形式，为动态构图。当被拍摄对象呈静态时，摄像机移动，使景物从画面中依次呈现，形成巡视或者展示的视觉效果；被拍摄对象呈动态时，摄像机伴随移动，形成跟随的视觉效果。还可以创造特定的情绪和气氛。

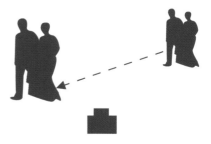

▶ 拍摄示意图：相机拍摄位置和角度不变

⬤ 在拍摄此环节时，相机的拍摄位置和拍摄角度未变，背景也未变，突出了动态主体人物。

移动拍摄大体可分为三种：横向移动、S形、弧形。不论采用哪种方式移动相机，都要保证移动的匀速、平稳，以确保画面的稳定。

采用横向移动相机拍摄主体时，可表现场景中的人与物、人与人、物与物之间的空间关系，或者把一些事物连贯起来加以表现。横向拍摄时，摄入镜头的景物会不断变换，也可在拍摄室内陈设或宾客时使用此方法。

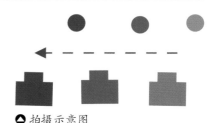

⬤ 拍摄示意图

⬤ 在拍摄此环节时，采用横向移动相机拍摄，主体横向移动，相机也跟随移动，速度要快于主体，以表现出故事情节

S形或Z形的走位，摄像机跟随着运动的被拍摄对象拍摄，有推拉摇移升降旋转等形式。跟拍使处于动态中的主体在画面中保持不变，而前后景在不断地变换。这种拍摄技巧既可以突出运动中的主体，又可以交代主体的运动方向、速度、体态及其与环境的关系，使主体的运动保持连贯，有利于展示人物在动态中的精神面貌。此种走位可将同一被摄主体以不同角度展现，可用来拍摄新娘化妆、新人走位的场景。

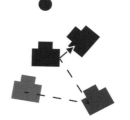

▲ 拍摄示意图

▲ 在拍摄此环节时，采用Z形走位，相机的拍摄方向不变，位置发生改变，使画面更富于变化

弧形走位，即以主体为圆心，摄像机从一端以相同的拍摄距离移向另一端。此种走位适于拍摄婚车、静物、新人拥抱等场面。

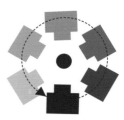

▲ 拍摄示意图

◑ 下面这个环节是采用弧形走位完成的。主体不动，相机以主体为圆心移动拍摄，画面更具动感效果，表现出永恒之意

除此之外，摇摄也是很常用的拍摄手段。在拍摄时，机位保持不动，旋转相机拍摄的方向。摇摄的方向有左右、上下之分。以摇摄得到的画面，场景被逐一展示，表现出时间、空间的过渡。

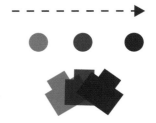

▲ 拍摄示意图

◑ 下面这个环节是采用摇摄完成的。主体在动，相机位置不动，但是相机的拍摄方向跟随主体做从右向左的移动。画面中，主体位置基本未变，但是背景空间在变换，表现出空间的过渡

在拍摄过程中，如果使用变焦镜头，还可通过调整镜头的焦距来调整画面效果。使用变焦距镜头的方法等于把原来的主体一部分放大来看。在屏幕上的效果是景物的相对位置保持不变，场景无变化，只是原来的画面放大了。在拍摄无变化的场景时，如果需要连续不摇晃地以任意速度接近被拍摄对象，可使用变焦距镜头来实现这一镜头效果。

⬤ 上面这个环节是通过变焦完成的，通过推拉镜头，可在不改变拍摄位置的情况下，放大画面局部

5.6　摄影助理的作用

婚礼摄像中，摄影助理的作用是非常重要的，其充当着调配器材、辅助拍摄的作用。是移动中的补给站，能够及时为摄像师排忧解难。下面我们就介绍一下摄影助理的职责和作用。

◯ 整理设备

婚礼摄像的工作是繁重的，所需器材繁多，且这些器材基本都是精密仪器，稍有不慎就会对器材造成损坏，造成经济损失不说，还会给拍摄造成大的障碍，甚至无法拍摄，给客户造成无法弥补的损失。因此需要有专业素养的人员来保管和维护。作为摄影助理，首先要掌握相关的器材知识，在整理设备时，要分门别类（如镜头和三脚架不能放在一处，镜头要统一收好等）对器材进行检查和保养（如检查相机电池容量、及时充电等）。

⬤ 摄影助理在现场整理设备

◯ 管理镜头

由于采用单反相机拍摄影片，在多机位的情况下，所需配备镜头的数量是可观的。因此，需要摄影助理管理和调配镜头的使用。建议列出所用镜头的名称和数量，并标记好各镜头的使用者和使用时段，在摄像师领取镜头使用及交回时，进行登记，责任到人。

另外，在管理镜头期间，摄影助理应检查镜头是否有脏污，一有发现及时清洁，以免影响拍摄效果。

⬤ 镜头摆放要安全合理

○ 协调灯光

在拍摄过程中,摄影助理需要协助摄像师进行灯光照明的工作。在进行补光时,助理应服从摄像师的指挥,按要求调整光线的位置、高度和角度,协助摄像师完成拍摄。在操控大型灯光器材时,则应熟知其操作要领,规范使用。专人定岗,维护器材的安全,避免在出现突发事件时(如儿童在嬉戏时误撞)对器材造成损坏。

▲ 摄影助理在婚礼现场协调灯光

○ 收音调音

当摄像师在较远处录制画面时,需要使用话筒进行同期收音的工作。这需要由摄影助理来完成,用专业录音器材,连接摄像机同时录音,将音频录进录音设备中。摄影助理应调整话筒的音量、位置及收音效果。

○ 拍摄逐格镜头

逐格镜头就是间隔拍摄,是按照一定的时间间隔拍摄单帧画面,然后以动画形式快速播放出来,可表现大的气势。如从日出到日落仅拍摄天空,之后以电影的形式播放,我们会在极短的时间内观赏完天空在一天中的变化。在婚礼摄像中,逐个镜头的加入会令影片效果更加丰富。其操作虽然简单,但由于拍摄过程很耗时,所以需要专人来监控相机,并维护其安全。

○ 现场及时拷贝素材

婚礼摄像会产生大量的文件,当机内的存储卡内存不足时,就需要替换新的存储卡。在此期间,摄影助理就应将替换下来的存储卡中的内容复制到移动硬盘中。这样,在保存文件的同时,可将存储卡内文件清空,以备摄像师使用。

Cinta di Bali

2015.04.03

第 6 章

婚礼拍摄前期准备及后期流程

在前期与新人沟通　　　　一天的流程及时间的确定　　　　婚礼前一天彩排走位　　　　后期　　　　交片及反馈意见

6.1　在前期与新人沟通

　　在婚礼前期与新人沟通是非常有必要的。其带来的好处是多方面的：首先，可以了解新人的喜好、特征，以便设计拍摄手法和表现手段，投其所好，尽最大可能使影片效果符合新人的预期；其次，能够确切了解新人的想法，确定拍摄的重点，制定拍摄方案；接着，可以最大限度地收集拍摄素材，熟悉拍摄场地，制定照明方案，丰富画面元素；最后，可以告知新人在拍摄时的注意事项，如告知其在具体的某个环节站立的姿态和位置，不要距离相机过近等，以获得更好的拍摄效果。

🔺 由于提前了解到了新娘房间的布局，所以摄像师让闺蜜团站在床的一边，成为画面的背景，使一对新人突出于画面的前端。由于房间较窄，所以使用广角镜头来表现求婚时的大场景，并使新人在画面中得到非常突出的表现

◀ 在拍摄之前，摄像师了解到了拍摄场地的布局，因此在拍摄穿衣这个情节时，利用透过洗手间玻璃窗的灯光作为轮廓光，来突出被摄者的身材，使其在画面中得到突出

▶ 提前告知新人在撞门时的站位，达成拍摄的默契，确保新郎在拍摄的画面中得到突出表现，并抓拍到撞开门这一重要时刻

6.2　一天的流程及时间的确定

　　对婚礼当天的行程和时间的了解，可以让摄像师更为准确地预判出到达拍摄场地的时间，掌握拍摄场地的照明情况，提前到达拍摄位置，确定曝光方案，使拍摄有条不紊。

▶ 由于摄像师提前了解到了婚礼的行程，所以在清晨6点时到达新郎家进行拍摄

▶ 由于摄像师提前获知了新娘的化妆时间，从而得以录制到新娘化妆时的片段

▶ 由于摄像师提前对举行仪式的酒店进行了勘察，并找到了最佳的拍摄位置，使影片的摄制质量得到保障

6.3　婚礼前一天彩排走位

婚礼是直播而不是录播，是新人一生的大事。为了避免婚礼忙中出错，留下遗憾，让前期大量的准备工作功亏一篑，在婚礼前一天进行彩排走位是很有必要的。对于婚礼摄像而言，彩排也能够帮助我们疏理摄像思路，防患于未然。除此以外，如果婚礼当天某一细节未录制到位，彩排的画面也许还能派上用场。

⬆ 婚礼前一天彩排走位

⬆ 婚礼流程的最后确认

6.4　后期

　　婚礼现场的视频录制完毕，接下来的工作就是后期制作了。在制作时，一定不要在原有的影片上直接编辑，而应另外复制一份，保留原始素材的完整。

　　对影片进行剪辑制作时，需要具备专业的视角，精简内容、突出主题，将精彩部分扩大化，去掉那些与主题无关的、繁杂的内容。在此介绍一些剪辑影片的规则。

　　1．保证流程的完整。无论是整个婚礼的流程，还是某一环节的流程，都要有头有尾，将其完整地呈现出来。

　　2．精剪影片，避免影片内容的繁琐。如果3分钟的影片能够将事情交代好，就要将那些多余的画面裁剪掉。

　　3．用浪漫的背景音乐营造画的面主旋律。除典礼之外的画面，如果没有特别重要的讲话（如接亲的车队行进在公路之上的画面），可配以优美、浪漫的音乐作为背景。

　　4．注意画面的丰富和统一。在影片中，如果全程都采用固定的单一焦段来表现，势必会造成画面的枯燥乏味；而如果影片是以不同镜头焦距拍摄的画面毫无章法地拼凑出来的，其视觉效果也是不言而喻的。因此，在剪辑视频时，一定要注意镜头拼接的合理性和条理性。

　　5．以婚礼流程的轻重来安排各流程在画面中所占的时间比例。如撞门视频只能在影片中充当小插曲，而在酒店举行的典礼才是影片的压轴大戏。

　　6．片头片尾的制作一定要精彩，其将奠定整个影片的主旋律，是影片风格、质量表现的窗口，所以马虎不得。

接亲部分的 视频\2

　郎　　　　娘

⬥ 将制作好的影片文件另存为新文件

⬥ 独特视角拍摄的画面不可过多

⬥ 片头片尾的制作非常重要

一部影片剪辑完成后，还应进行仔细的检查，排除细节上的小瑕疵，使影片完美。如果影片经检查无误，就可以刻制光盘，提交客户了。

◔ 剪辑好影片后，频繁地对其进行回放检查，确保万无一失

◔ 刻录影片

6.5　交片及反馈意见

　　虽然我们制作好了影片，并将其刻录成光盘，但是婚礼摄像的工作依然没有结束，交片才是最后的环节。所谓交片，就是将刻录好的影片交给客户，征求客户的意见。如果客户对影片效果表示满意，则本次婚礼摄像工作结束，如果客户提出了不同的意见，就需要与客户进行交流，必要时还需要重新编辑影片，调整效果，直至客户满意为止。

　　良好的口碑的建立，是由于我们对任务自始至终的精益于精，所以交片的环节尤为重要。如果我们提交的影片效果或者交片时与客户的交流出现了问题，不能使客户满意，会直接影响到我们的声誉，进而影响到我们的业绩。因此，交片虽然是整个婚礼摄像的尾声，却是最为重要的环节，切不可轻视。

　　让客户满意会给我们带来意想不到的惊喜。提高我们的知名度，获得更多的订单，新的工作任务才能如期而至。因此，我们说，让客户满意是我们的天职。

第 **7** 章

开拍——掌握基本流程

化妆花絮   接亲   纪实典礼

7.1 化妆花絮

在婚礼摄像中，化妆是婚礼视频的开场，是一个比较重要的环节，包括新娘化妆、婚纱拍摄等，下面我们就来了解一下在拍摄时需要注意的事项，并介绍一些拍摄的技巧。

7.1.1 新娘化妆

由于新娘化妆都是在清晨进行的，此时宾客都未到齐，仅有闺蜜团在场，因此被摄主体全部是年轻的女孩儿，视频是很有亮点的。清晨，光线一般较暗，在拍摄时，可将室内灯光开启，借助窗光形成逆光照明，可以很容易地得到唯美效果的画面。在拍摄时，可以采用横摇的镜头运动来表现这一场景，镜头运动一定要平稳，以表现祥和、静美的氛围，必要时可以表现新娘的近景特写。由于是在室内拍摄，空间较小，建议使用50mm焦距以内的镜头拍摄。

🔺 新娘化妆拍摄场景

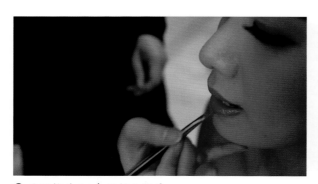

🔺 使用推镜头1表现整个场景

🔺 使用推镜头2表现特写画面

🔺 横摇效果

1. 由于新娘化妆较为费时，我们可多拍摄几次，以选择更好的效果。
2. 新娘化妆仅是整个婚礼流程的一个小花絮，因此，只要表现出化妆的片断和过程即可，不必拍摄很长时间。

7.1.2 婚纱

拍摄婚纱的方法与拍摄新娘化妆的方法大同小异。为了表现婚纱的长度，可以采用由上至下的直摇镜头运动进行拍摄，这样能够更为细腻地表现出婚纱的细节。

⬆ 直摇镜头：从上到下或从下到上拍摄婚纱

当新娘穿上婚纱后，我们可以采用不同的镜头运动多拍摄几次：采用横摇的手法来表现宁静、优雅的氛围；采用推镜头的手法来表现由远及近的空间感，表现出新娘的全身和面部幸福的表情，从而使环境和人物主体都得到表现；还可以安排新娘站在屋子中央，通过划圈走位对其进行360°的拍摄，表现新娘的身材，既表现出了动感，又使画面洋溢出幸福感。

⬆ 旋转画面1

⬆ 旋转画面2

⬆ 旋转画面3

7.1.3 婚鞋

婚鞋也是需要表现的。首先，需要将鞋子摆放好，如将鞋子摆放在屋子中央，以横摇的镜头运动方式进行拍摄，表现动感画面。

▲ 横摇画面

7.1.4 对戒

对戒是新人婚姻的象征，由于其体积微小，我们可以采用微距镜头或者长焦镜头进行拍摄。可以通过轻缓地横摇镜头运动来表现凝重的氛围。如先拍摄新人的婚纱照片，之后将镜头移动至对戒并静止。这样，一方面可以表现出运动感，另一方面也交代了新人之间的爱情，深化主题。

▲ 横摇1新人的照片

▲ 横摇2过渡

▲ 横摇3对戒

7.1.5 家人朋友面部表情群体特写

家人和朋友是新人的庞大后盾，记录下他们的不舍和祝福的表情，使其成为永恒的同时，也会增强影片的感染力。在拍摄时，既可以通过走位依次对每位亲友进行单独拍摄，也可以将亲友集中在一起，通过横摇运动来表现。具体应以室内空间和每位亲友的情况而定。因为亲友团并不是个体，所以需要摄像师进行组织和协调。

⬥ 对单个亲友拍摄时的画面

⬥ 对单个亲友拍摄时的现场

⬥ 使用全景切换特写画面的手法，拍摄亲友画面

⬥ 摄像师正在拍摄

⬥ 拍摄的画面

7.2　接亲

　　如果说新娘化妆是在做准备工作，那么接亲就是新郎的任务了。接亲是好戏刚刚上演，那么接亲都包括哪些环节呢？下面我们就来一探究竟。

7.2.1　新郎穿衣

　　新郎穿衣，是表示进行接亲的准备工作。在拍摄时，可结合全景和特写来表现。拍摄全景，可以记录新郎的整体行动，也可以表现室内情景，将相机固定在特定位置进行拍摄；拍摄特写，表现新郎表情及其手部的局部动作，以示庄重，其环节包括扎领带、扣袖扣、戴手表、穿西服和穿鞋等，可在近距离使用标准镜头拍摄或者在远距离使用长焦镜头拍摄。

◯ 新郎全景拍摄现场

◯ 新郎特写拍摄现场

◯ 新郎穿衣全景画面

◯ 新郎穿衣特写画面1

◯ 新郎穿衣特写画面2

◯ 新郎穿衣特写画面3

7.2.2 迎亲车队上路

当一切准备就绪，新郎该起程迎接新娘了。该环节可细分为以下几步。

◯ 父母的叮嘱

在拍摄这一环节时，应着重表现亲情：一方面表现父母的叮嘱，另一方面表现新郎的必胜信心。在拍摄时，可在固定位置拍摄全景，中间穿插母子或父子的面部特写。在拍摄时一定要注意画面的稳定，不可晃动相机而破坏祥和的氛围。

⬆ 亲子全景

⬆ 亲子特写

⬤ 车队出发

当车队整装待发时，新郎该启程上路了。此时应拍摄新郎告别父母及亲友团送行的场面，该场景可以在固定位置拍摄，使用摇拍表现亲友团和车队，表现大的气势。此时，由于场面较大，建议选择广角镜头进行拍摄。

⬆ 使用广角镜头拍摄新郎出发时的画面1

⬆ 使用广角镜头拍摄新郎出发时的画面2

○ 在路上的拍摄

车队在路上的画面同样是视频拍摄的一个环节。首先应拍摄车队开启和缓缓行进的画面，此时摄像师应站在路旁，采用斜侧的拍摄视角在固定的位置进行拍摄。

◐ 摄像师在路旁拍摄的工作场景

◐ 表现车队前行的画面

拍摄车队在公路之上的场景时，摄像师在录像车中进行拍摄。此时只能手持相机进行拍摄，因此，一定要保持相机的稳定性，同时还要注意在收音时避免风的噪声过大。由于录像车被安排在车队之前，所以可以拍摄到新郎在汽车中的特写。可拍摄一些车队经过重要路口时的片断，当车队以S形行进时，拍摄效果最好。

◐ 车队画面1

◐ 车队画面2

在车队即将到达新娘家之前，摄像师应提前到达，拍摄车队到达的画面。在拍摄时，选择视野较为宽阔的道路一角，以斜侧的角度在固定位置拍摄。

◐ 摄像师在路旁拍摄的工作场景

◐ 拍摄到的车队到达画面

7.2.3 接亲的场景

车队到达后，摄像师应赶在新郎下车前，拍摄新郎下车的场面。此时建议使用广角镜头在固定位置进行拍摄。

⬥ 摄像师的工作场景

⬥ 拍摄新郎下车的画面

在此时，新娘的父母和宾朋已在大门口迎接，新郎改口、接红包，这样隆重的场面不可以错过！最好使用广角镜头拍摄，在拍摄时既可以在较远处以固定位置拍摄，也可以近距离地跟拍。

📷 小提示

拍摄烟花爆竹时的应对措施

在婚礼中，总少不了烟花爆竹的身影，然而近距离地拍摄会对镜头造成非常大的损害，但是如果因此而错过了燃放爆竹的画面，则可能会影响婚礼的完整性，真是拍也不是，不拍也不是。为了解决这个问题，我们使用长焦镜头进行远距离拍摄，这样问题即可迎刃而解。

7.2.4 撞门

撞门是接亲过程中的一个小高潮，也很容易出现混乱。对于婚礼摄像而言，该过程短暂而激烈，可以说是比较危险的：如果站得远，虽然安全，但是拍不出热闹劲儿；如果拍摄距离过近，不仅画面不好对焦，主体容易模糊不清，并且会被负责撞门的伴郎等人大力碰撞，造成对相机的损坏。因此，为了避免此种情况的发生，可以事先和"主撞"人员沟通，给我们留出一块有利位置或者事先在新娘门外放置一把凳子，站在高处进行俯拍，掌控全局。

摄像师对男方拍摄的画面

摄像师对女方拍摄的画面

⬥ 双机位在撞门的同一时间拍摄的画面

⬤ 拍摄的撞门画面

⬤ 新郎表情

⬤ 伴郎团状态

7.2.5 堵门

　　堵门是新娘闺房之内闺蜜们的任务，相比于撞门，堵门的安全系数还是很高的，而且拍摄距离相对宽松，以逸待劳即可。但是，摄像师也不能只是干等着撞门，也要拍摄新娘和伴娘团的状态。既可以将相机安放在固定位置拍摄全景，也可以通过镜头运动来表现人物面部特写。

⬤ 摄像师将相机固定在室内一角，在固定位置进行拍摄

⬤ 拍摄的伴娘团

⬤ 拍摄到的新娘

7.2.6　求婚

经过撞门和堵门的环节，新郎与新娘见面了，这是一个转瞬即逝的画面，为了捕捉这一瞬间，我们应事先安排好相机的位置，对新郎和新娘进行跟拍。

⬤ 跟拍新郎和新娘的画面

○ 单膝下跪献捧花，新娘接过捧花

新郎进门后即进入了下一环节，求婚。拍摄该环节时，相机的拍摄位置要固定，不可轻易晃动或者运用镜头运动，以示仪式的庄重，营造祥和、唯美的画面氛围。

▲ 摄像师将相机固定在三脚架上进行拍摄

○ 找鞋

找鞋是我国婚礼中较为流行的民俗，这也是一个很有意思的环节，是伴娘团整蛊新郎的传统节目。因此，拍摄的手法可以灵活一些，将欢乐的氛围表现出来。

▶ 拍摄的画面

○ 穿鞋抱出新房

新郎找到鞋后，要给新娘穿上，在这个环节中，穿鞋的位置是固定的，所以，我们可以事先找到合适的拍摄位置，全景和特写都可以拍。另外，在拍摄新郎抱新娘的环节时，一定要把握好抓拍时机，否则，恐怕新郎的臂力不能持久，错失拍摄良机。

⬥ 在事先确定好的位置拍摄穿鞋情节

⬥ 在新郎的前面拍摄新郎抱新娘的画面

○ 新郎给父母戴花，父母嘱托

　　这个环节是比较庄重的，所以我们在拍摄时，尽量不使用镜头运动，将相机固定在新郎和父母之前的位置拍摄即可。在戴花时，拍摄新郎和父母的侧面，可以很好地表现两人之间的互动，也可以降低当事人在镜头前的不自然程度。

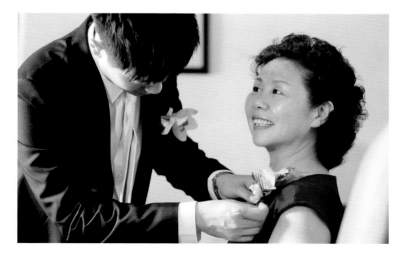

▶ 侧面拍摄戴花情节

7.2.7　摆拍

　　摆拍是一个即兴发挥的环节。在此之时，由于还不到出发的时间，所以新郎和新娘会有大约10分钟左右的时间进行拍摄。此时以拍摄照片为主，摄像师可以抓拍些小花絮，表现新人的真性情。如果在户外拍摄，光线较为明亮，不必担心照明情况。我们可事先准备一些小剧本，并提前与新郎和新娘沟通，确定拍摄方案，即兴拍一段风格清新的视频片段。

🔺 室内摆拍画面1

🔺 室内摆拍画面2

🔺 户外摆拍画面

7.2.8　回程

　　在这一环节中，是表现新娘的亲友团、丰盛的嫁妆随行的时刻，因此，建议使用广角镜头表现大场景。接新娘上路后，返程的车队画面也还是不可错过的，其拍摄方法与接亲时一致，不再重复说明。

　　在此之时，抓拍新娘和父母惜别的场景是重中之重。绝大多数的父母会在此时无法抑制嫁女的感情，真情流露，悲喜交集。这一人生重要时刻的镜头可千万不能错过！由于是抓拍，因此，一定要未雨绸缪，临时抱佛脚可能就来不及了！在拍摄时，最好使用长焦或者标准镜头在较远处拍摄特写画面，这样既不会干扰到当事人的情绪，也可得到情绪饱满的珍贵画面。

🔺 透过幸福的新娘拍摄到妈妈拭泪的画面

7.2.9 迎新娘

迎新娘也是拍摄的重头戏，包括新郎和新娘下车、见父母、改口、新娘坐福等环节。

◯ 下车

在此环节，新郎要抱新娘下车，有时这也是伴郎团整蛊新郎的时机，为了拍摄器材的安全，我们可以使用长焦镜头进行拍摄。

◔ 拍摄的画面

◯ 见父母

见父母是很隆重的场面，此时新郎的父母和亲友已在大门外等候，新娘改口、接红包。至少要有两部用于摄像的相机进行拍摄，一部使用广角镜头拍摄大场景，另一部使用中长焦镜头拍摄近景和特写等画面。

◔ 广角镜头拍摄的全景画面

◔ 长焦镜头拍摄的特写画面

◯ 新娘坐福

该环节是一个小花絮，基本上是新娘和亲友合影留念的时刻，氛围比较轻松。在此时，摄像师除了拍摄新娘外，还可以拍些有趣的画面，为影片积累素材。

▶ 拍摄的有趣画面

7.3 纪实典礼

纪实典礼不仅是婚礼中的重头戏，也是婚礼摄像任务的重中之重。这是整个婚礼的高潮部分，不可掉以轻心。此时，负责拍摄婚礼的主机应提前到场，安排好拍摄位置，等待拍摄。一般而言，纪实典礼包括典礼和敬酒两部分。

7.3.1 典礼流程

在拍摄这个场景时，应事先将主机固定在三脚架上，并将其位置安排在通道的一侧，由专人看管，全程录制整个典礼。除此之外，使用游机进行补拍。典礼流程中的环节繁多，这就需要我们合理安排、提前布置，以确保拍摄的顺利进行。下面对各个环节的拍摄要点进行说明。

〇 司仪开场

司仪开场标志着典礼正式开始，开场之前，我们就要开拍，而不是等司仪说开始后再拍，否则就晚了！拍摄的是正面角度远景，因此可以使用游机拍摄侧面角度和近景画面。

⬤ 主机拍摄到的正角度远景画面

⬤ 游机拍摄到的侧角度近景画面

📷 **小提示**

酒店外的拍摄

如果典礼场地被设置在酒店，那么，酒店外的场景拍摄也不能错过。简短的场景拍摄可以作为婚礼的前奏，交代出典礼举行的位置，突出典礼的隆重。

〇 新郎上场

新郎上场，典礼进入主题。与主席台相反的方向成为重点表现的部分，这里安排有花门，新郎将从这里来到前台。由于新郎入场费时较短，可以安排游机来拍摄。首先，可以使用游机在通道上跟拍新郎入场，当新郎上台后，使用游机拍摄侧面和近景。

⬤ 游机跟拍新郎上场时的画面

⬤ 游机拍摄的新郎上场后的画面

○ 父亲携新娘上场

这一环节的拍摄与新郎上场是相同的，可以安排固定机位拍摄，并使用游机进行跟拍。

▲ 游机拍摄的新娘父女上场时的画面

▲ 游机拍摄的新娘父女上场后的画面

○ 交接

在这个环节中，由新娘的父亲亲手将女儿交到新郎手中，主要表现仪式的庄重、父母的嘱托和难以割舍的亲情。因此，该环节有着非常丰富的表现内容。应使用长焦镜头多表现特写画面，这样做的好处是，可以在不打扰当事人的情况下，得到情绪饱满的画面。

▲ 父亲将女儿交到新郎手中

▲ 特写画面

○ 婚誓

　　婚誓是新人在公众面前的宣誓，在拍摄这一环节时要表现出婚姻的神圣感，突出大气、唯美、浪漫的画面氛围。如使用大光圈来突出主体，使用长焦镜头表现男女主人公的面部特写，或者使用广角镜头采用高角度俯拍表现场景的宏大气势。如果有条件，还可以使用另外的相机录制新人父母和宾朋的表现等，至于具体怎么操作，还需要我们临场发挥。

⬤ 平角度全景拍摄

⬤ 俯角度全景拍摄

🔺 新人面部特写画面

🔺 唯美画面

🔺 父母表情

🔺 宾客

○ 交换戒指

交换戒指也是婚礼中必有的环节，在拍摄时，手部的特写一定要有，人物的表情也是需要重点表现的。

▲ 互戴戒指

▲ 手部特写

○ 拥吻

　　新娘和新郎拥吻的环节是整个婚礼的高潮部分，在拍摄时一定要找好角度，人物全身和面部特写最好都能拍到。我们可以使用广角镜头近距离围绕新郎和新娘一圈拍摄，表现永恒，增强画面的动感效果。

▲ 远景拍摄

▲ 特写画面

◎ 主婚人证婚人讲话

在拍摄这个环节时，使用游机在侧面拍摄近景即可，镜头一定要稳定，不可晃动。

⬥ 主婚人讲话

⬥ 证婚人讲话

○ 改口敬茶

在这个环节，新人要稳步来到父母身前，因此，可以采用跟拍，也可以在新人和父母的侧面拍摄，将新人和父母的互动细腻地表现出来。也可以适当使用特写画面，表现新人和父母的情感。

▲ 敬茶时，新人和父母面对面

▲ 特写画面

○ 父母讲话

在拍摄这一环节时，使用游机在侧面拍摄近景即可，镜头一定要稳定，不可晃动。另外，还可以使用长焦镜头拍摄父母的面部特写。在此时，可以穿插新人的画面，形成影片的互动。

▲ 讲话中的父母

▲ 包括新人在内的画面

○ 抛手捧花

　　抛手捧花是婚礼的另外一个小高潮，其时间短暂，因此一定要事先准备。建议将拍摄位置安排在侧面，这样，既可以拍摄到新娘，也可以拍摄到抢手捧花的姑娘们。为了将整个抛手捧花的过程收入到画面中，建议使用广角镜头拍摄。如果想要表现特殊的效果，可以采用跟拍的手段，但其手法不易掌握，很容易造成失焦。

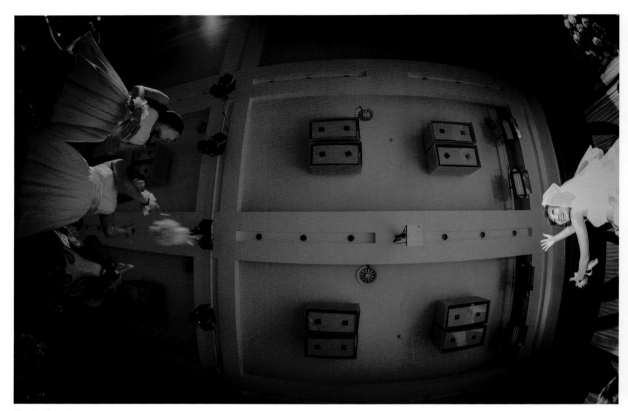

▲ 全景画面

○ 交杯酒

　　在这一环节中，特写画面必不可少。建议使用长焦镜头在新人的侧面拍摄，这样可以得到新人面对面的画面。如果我们可以在站台的最里面，将宾客作为画面的前景就再好不过了。

▶ 新人清晰，宾客作为背景

◀ 特写画面

7.3.2　敬酒

　　婚礼仪式完毕后，新人需要给各位宾朋敬酒。因此，跟拍是常用的手法。在跟拍时，一定要保持相机的稳定，35-50mm焦段的镜头最为合适。在拍摄时，使用平拍的角度更容易表现画面，可采用弧形走位将每位来宾摄入镜头。注意共同举杯的画面一定不能错过。另外，也可通过大摇臂在高位拍摄整个会场内的全景，表现宏大气势。

⬢ 使用平拍的角度拍摄敬酒画面1

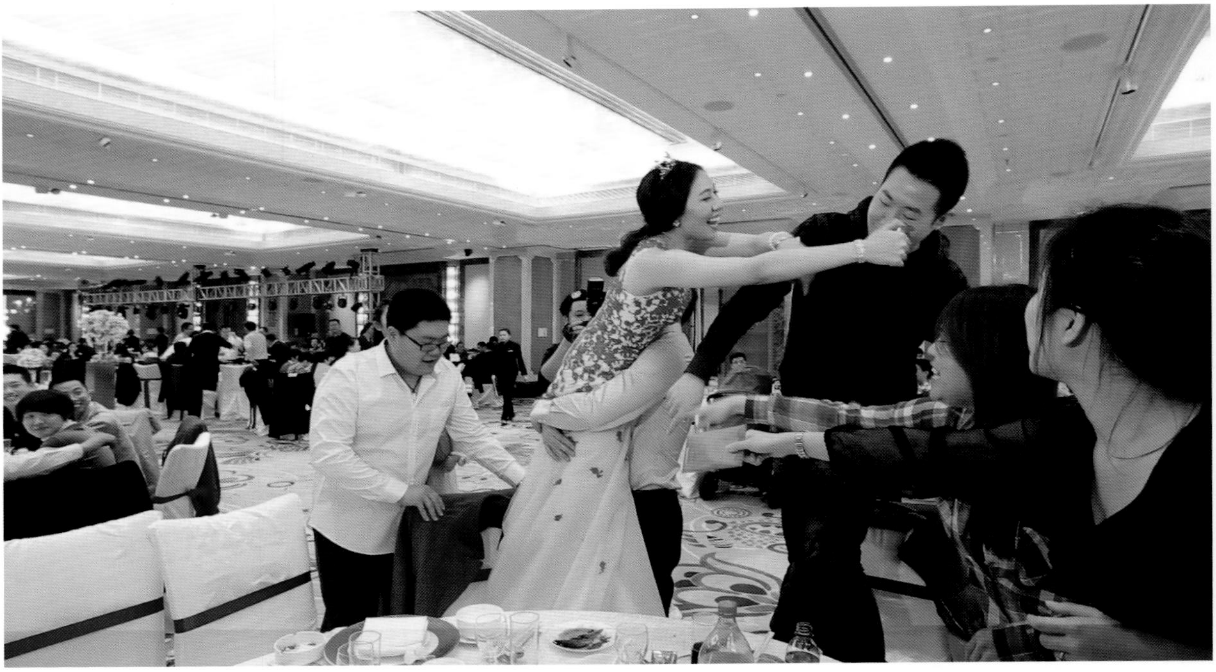

使用平拍的角度拍摄敬酒画面2

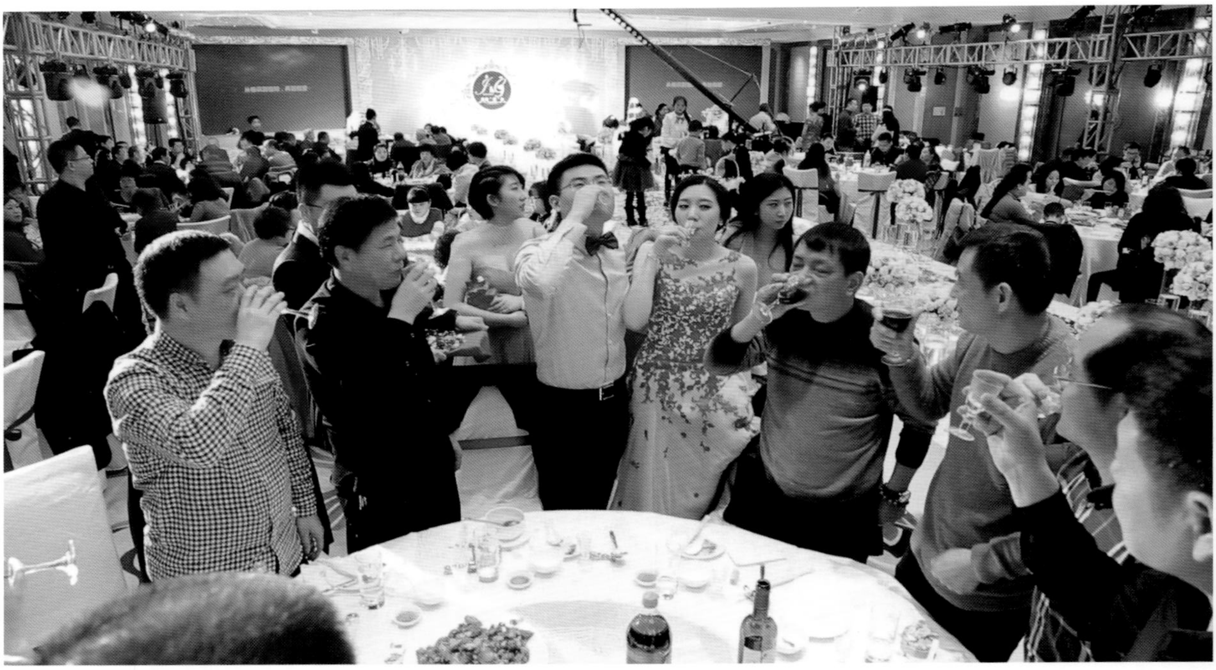

利用大摇臂使用广角镜头拍摄全场画面

8.1 寻找更能表现你创意的拍摄位置

视角不同，画面的内容不同，其所传达的信息也会不同。因此，在拍摄之前，我们应先设计好画面效果，并安排好拍摄位置，以达到预期效果。

⬤ 摄像师站在高梯上进行拍摄

⬤ 得到的画面效果

在多数情况下，计划赶不上变化，实际的拍摄条件有时会与我们的设想大相径庭。如果碰上这种情况，就看我们的随机应变能力了。然而，这并不影响我们寻找合适的拍摄角度。即便高度不够，我们也可以借助凳子、梯子或椅子来到达。

⚫ 为了获得预期的影片效果，摄像师临时借了一把椅子以辅助拍摄

⚫ 拍摄的画面效果

为了获得预期的影片效果，摄像师将相机安排在较低位置
⚫ 拍摄的画面效果

8.2 寻找更为贴切的表现手法

作为一名摄像师，我们虽然掌握了很多拍摄技巧，但是如何恰当运用这些技巧却并不是每个人都能做到的。每一次拍摄，在经营画面时，都需要从视角的选取、镜头焦段的设置、相机参数的设置、构图方法和光线布置等方面精心布局。下面，举几个小例子以供大家参考。

⬤ 在拍摄前，摄像师了解到新人家附近有一堵绿植墙，所以安排新人和朋友在绿植前进行拍摄，获得了简洁而细节丰富的背景，进而得到主体突出、富有生气的画面效果

例1

⬤ 在拍摄新娘化妆时，摄像师采用高位拍摄，使新娘的红色床单成为画面中的背景，既突出了新娘，也营造出了喜庆的氛围

例2

⬤ 在拍摄此细节时，摄像师利用酒店的红色墙壁作为背景，并透过前景服务员来拍摄主体。前景和人物右侧的柱灯形成了框架结构，将主体人物框在其中，既突出了人物，也丰富了画面的空间层次

8.3　寻找闪光点

　　每一场婚礼、每一个环节，都会有其与众不同之处，那或许就是该场婚礼的独特之处。作为一名婚礼摄像师，我们的嗅觉一定要灵敏，善于发现这些不同之处并将其表现出来，会为影片增添鲜明的个性。

🔺 在拍摄这场婚礼时，摄影师发现客户更加注重"×"这种手势，因此拍摄时着重对其进行表现，使影片充满了"×"韵味，大受客户赞赏

在拍摄时，灵活运用婚礼中的小元素和小摆设，有时也会得到不错的效果，增添画面的表现力。

⬥婚房大都会布置一些展示温情的小摆设和浪漫的婚纱照，在影片中穿插一些类似温馨的小场景，会使影片
更显温情、浪漫、唯美

在婚礼中，总会发生一些小插曲，出现一些有趣的情节。在拍摄时，如果我们发现了这些趣点，建议将其捕捉并记录下来，这很可能是婚礼中的唯一的小亮点！不要错过！

⬤ 在拍摄新娘化妆时，摄像师发现室内较为狭窄，陈设较为杂乱，于是利用悬挂的空隙来拍摄新娘，既表现出了新娘化妆，也使婚礼主题得到了突出

⬤ 在撞门这一环节，窗户的作用巨大，既阻隔了接亲的新郎一行人，又是沟通窗内窗外的纽带，摄像师意识到了这一点，并捕捉到了窗内窗外的互动情节

8.4　自己动手使拍摄更自由

　　不同的拍摄场地、不同的婚礼进程等这些婚礼摄像天生的特点使每场婚礼变得独特，也使摄像师除了拍摄之外，还要做器材、场地侦查、光线布置等准备工作。有时，尽管我们做了很多准备工作，依然无法更好地完成拍摄，这时，就需要自己动手来制作更加符合环境拍摄的辅助器材，或者采用手持相机的拍摄方式。尽管手持拍摄会造成画面的不稳定，但有时也可营造出动感效果。如在拍摄撞门环节时，基本上都会手持相机进行拍摄，一方面使拍摄更为灵活，另一方面也会得到使用稳定器拍摄不到的精彩画面。

🔺 手持相机进行拍摄的场景，虽然画面看起来不是很稳定，但却恰当地表现出了此环节中人们的情绪，表现出了节奏感

8.5　寻找更能表现新人情况的拍摄风格

　　婚礼摄像是纪实性的，要表现出婚礼的风格，还要看婚礼的策划、现场的布置，以及新人的喜好。我们可以在拍摄之前通过与新人的沟通来确定拍摄风格。如新人倾向于表现亲情，我们在拍摄时就要多抓拍那些真情流露的感人画面；新人如果更希望影片是清新、唯美的格调，那么我们就应在拍摄时多注意背景的选取、灯光的布置；新人如果喜欢轻松、喜感的画面，则应多加入些欢乐、有趣的元素。

　　更为重要的是，我们应在拍摄手法上多多推敲，使画面的节奏与影片风格相呼应。

🔵 爱情是所有婚礼的主题，在表现新郎和新娘亲密的画面时，特写更能表现出这一主题

⬢ 这是一场清朝风格的婚礼，因此我们在拍摄时，要着重表现礼仪、排场和有特色的服饰、道具

● 在表现浪漫、唯美风格的现代婚礼时，背景的选择非常重要，一些唯美的小物件更能表现出这种意境

8.6 营造氛围的多种手法

独特的氛围会为影片增添无穷的韵味，使其风格更加鲜明。下面介绍几种常用的营造氛围的方法。

8.6.1 色调统一

我们知道，影片的色调可以给观者留下深刻的印象，使影片更具感染力。因此，我们可以通过统一影片的色调来达到营造画面氛围的目的。

🔺 淡青色调给人以清新、典雅、浪漫之感

🔺 暖色调给人以温馨、唯美、华丽的印象

8.6.2 控制节奏

　　节奏可以表现情绪。舒缓的节奏可以表现轻松、悠闲的情绪；较快的节奏可以表现紧张、欢快的情绪。因此，无论在拍摄中还是在视频的后期编辑阶段，都可以通过控制节奏来表现情绪，并以此来表现氛围。

⬤ 在表现新娘化妆和新人漫步等情节时，画面节奏应较为舒缓，建议采用固定的位置拍摄，而较为缓慢地移动相机
　进行拍摄也是很适合的

● 在拍摄撞门和接亲等环节时，画面节奏感较为快速，相机的拍摄位置和角度不必固定于一点，移动的速度也应较快

8.6.3 寻找相同元素

如果在一部影片中，同一元素在画面中多次出现，那么会给人以暗示的效果，从而起到营造画面氛围的目的。在婚礼摄像中，我们可以通过在影片中多次出现喜字和红色等具有婚礼象征意义的事物，来突出婚礼的主题，营造出喜庆的氛围。

● 在影片中，喜字和气球多次出现，从而营造出喜庆的氛围

8.6.4　为影片注入情绪

影片是出自摄像师之手，是摄像师的艺术创作，因此，摄像师的情绪影响着影片氛围的表现。作为婚礼摄像师，只要我们带着饱满的热情，着力寻找那些表现婚礼情绪的事物，就自然会使影片带有情绪，散发出欢乐、祝福的味道。

🔺 婚礼不只是新人人生中的大事，对于父母而又何尝不是？在婚礼当天，真情流露的画面出现的频率会很高，对那些能感同身受而又善于观察的摄像师来讲，很容易捕捉到这种具有真情实感的情节，来为影片注入情绪

8.7　运用好灵感

灵感是不期而至的想法、创意。对于从事与艺术相关的摄像师而言，我们期待灵感，并借此为影片增色。殊不知灵感也是一把双刃剑，如果运用不当，反倒会帮倒忙。因此，如何运用好灵感是需要深思熟虑的。有了好的想法，还需要试验和稳妥地实施，这时，以往的经验就会派上用场了。

片段1：新郎在和他的小伙伴散步

🔺 这段视频是接亲时在新娘家拍摄的，很好地表现出了新郎对新娘的爱意。影片情节诙谐幽默，在欣赏的同时，要多学习、多借鉴摄像师的思路

片段2：新郎看到一人

片段3：将小伙伴推开

片段4：转向新娘

片段5：直奔新娘而去

片段6：搂到新娘

片段7：吻新娘

片段8：美好的二人世界

第 **9** 章

微电影的种类及其制作的完整流程

在典礼庆典中播放的视频种类　　爱情微电影的拍摄流程　　主题微电影

9.1 在婚礼庆典中播放的视频种类

在婚礼庆典中，通常会播放一段新人的相关视频，那么这段视频的内容是什么呢？最为常见的有3种，爱情微电影、婚礼MV和采访小片。下面，我们就来了解一下视频的特点及其拍摄重点。

9.1.1 爱情微电影

爱情微电影主要表现的是新人的爱情故事，强调故事性和叙事性，要与众不同、量身定制。既然称之为"微电影"，理所当然，要准备剧本。剧本的内容以新人的爱情故事为蓝本，并适当艺术化，使剧情更加引人入胜。下面提供了一个简短的剧本范例以供大家参考。

这是以男、女主人公的真实经历为背景策划的剧本。

故事背景：男、女主人公是高中同学，但双方并没有发展为男女朋友，在上大学后，两人各自就读的学校在同一个城市。在遥远的异乡，他们一同上学、一同回家，相互照顾，倍觉温暖，也更加亲密。

场　景1：女主人公笑意盈盈地走出校门，此时男主人公正向她走来，并向她打招呼。
男：哎，李蒙！
女：你来得真够快的呀！买到票了？
男叹了口气：没，下午再去排。
女：哦，没关系，下午我没课，我去吧，别总累你一个人。
男有些惊喜：你下午有时间？那好，咱们俩一起去！这样就有意思多了！
女：好！

场　景2：火车站售票大厅，人头攒动，各个售票窗口都是排着长队买票的人。男、女主人公从售票大厅走出来。
男：啊！总算买到了！
女：太好了！马上就可以回家啦！回家过年啦！
男：是啊！天色不早了，咱们找个地方吃饭吧。
女：嗯！咱们大吃一顿！庆祝我们买票成功！
　　在冬季的黄昏时分，两个人穿过马路走进一家小面馆。

场　景3：在小面馆中，两人面对面吃着热气腾腾的拉面。
女一边吃，一边说：好暖和！真好吃！
男：嗯，这家面馆我和同学来吃过，觉得不错就带你来了。
女：好想回家！我妈妈做的饭菜可好吃了！一想起来，我就恨不得现在就回家！
　　男一听这话，急忙拉住女方的手：我也去！
　　女脸一红，低下头，从喉咙里发出很低的声音：嗯
　　男满含爱意地看着李蒙娇羞的脸庞，心中乐开了花儿。

场　景4：夜晚，路灯下，两人手挽手漫步在街头。
男：天晚了，我送你回学校。
女：嗯。
男：可我还不想让你回去。
女：……
　　沉默，两人继续走，在距离校门不远处停了下来，二人双手紧握。
　　男倾身向前，在女面颊上轻吻，在其耳边轻言：晚安！
　　女方点头，走进校门，转身回头望向男方。
　　男方含笑挥手。

有了剧本，还需要根据剧本的内容选择拍摄地点，准备拍摄器材，之后就可以开拍了。由于新人不是专业演员，为了能得到预期效果，在拍摄之前和拍摄中都需要与新人多沟通。

相比于婚礼摄像，微电影的拍摄自由、随意，摄像师有较大的表现空间，因此，我们可以利用这个机会将我们的创意表现出来。

⬤ 在拍摄爱情微电影时，摄像师与新人交流的画面

我们拍的是爱情微电影，因此爱情是主题，在拍摄时要紧紧围绕这个主题来表现。在表现手法上可以借鉴比较成功的爱情电影，结合新人的特点，表现出独属于新人的影片效果。

下面提供了两段不同风格、不同内容的爱情微电影片段，以供大家参考、学习。

约定

初见时的惊喜

⬤ 这段微电影记录了新人在一起的生活片段，以夜景拍摄为主，突出唯美、浪漫的画面氛围

浪漫的二人世界

▶ 这段微电影采用了叙事的手法，来表现新人的爱情故事。通过对事件的陈述，表现出处于不同恋爱阶段中的男、女双方的状态，故事的交代有条有理，脉络清晰

片段1：男方无意中看到心仪已久的对象

片段2：某天，男方在等待火车通过

片段3：同一时刻、同一地点的不远处，女方
也在，她发现了男方

片段4：女方悄悄地来到男方身后，蒙上了他
的双眼

片段5：有爱的二人世界

片段6：爱情有了幸福的结局

9.1.2　婚礼MV

　　婚礼MV中的MV是music video的简称，其可将音乐、视频和纪实融合为一体。通常婚礼MV的表现内容多为婚纱画面，如新人拍摄婚纱照时的片段，着婚纱、礼服新人的浪漫画面或者拍摄一些新人的日常生活片段。婚礼MV的拍摄一般都需要使用不同机位对同一情节进行不同方式的构图，然后经过后期剪辑，每个机位的镜头只有短短几秒，并不断切换，最终得到效果唯美、浪漫的画面。在拍摄时，多利用长焦镜头、大光圈来表现，利于得到主体突出、景深柔美的效果，使画面效果更梦幻、唯美。相比于爱情微电影，婚礼MV的表现内容更加简洁、主题也更加突出、影片的时长也较短，为了使拍摄更顺利，可以准备一个脚本。

喜欢感受生命的绚烂

▲ 场景之一　在公园拍摄时，人工制造飘雪，营造唯美的画面意境

我的等待变得有意义

▲ 场景之二　以海岸为背景，画面更显大气

也和我手牵手

⬣ 场景之三　以公园中的春树作为背景，萧索的背景，与近景的新人形成对比，营造出地老天荒般的浪漫意境

⬣ 场景之四　婚礼当天拍摄的户外MV片段，画面更真实，场景更大气，喜庆的气氛更浓

9.1.3　采访式小片

采访式小片相比于爱情微电影和婚纱MV有很大的不同，是以亲友的祝福为主体的表现形式，更具有纪实性。被采访的成员主要包括新人、新人父母、亲友。因此，在拍摄之前，需要与新人进行沟通，将参加拍摄的亲朋好友集中起来进行采访式拍摄。

⬣ 拍摄现场

拍摄时，既可以在室内，也可以在室外；既可以在固定的位置拍摄，也可以在不同的空间拍摄。在室内拍摄时，可以将室内布置成类似于演播室的光照效果，以三点布光法来布置，表现出高水准的光影效果，强调画面的纪实性，使影片更具感染力。

🔺 在室内拍摄的画面

⬤ 在室外拍摄的画面

📷 小提示

在拍摄采访式小片时容易出现的情况

1. 大多数情况下，亲友面对采访拍摄会不知所措，不知道该说些什么，这时就需要摄像师进行引导，必要时可以提前准备一些台词供亲友使用。

2. 由于大多数人并没有拍摄影片的经历，为了能得到预期效果，在拍摄前，摄像师可以提前与被摄者进行沟通，指导其站姿、坐姿要领，这样，实际拍摄就会比较顺利，从而提高工作效率。

9.2　爱情微电影的拍摄流程

　　微电影系列中，爱情微电影的拍摄最为复杂，其相当于一个小电影，麻雀虽小，五脏俱全。而且，微电影是一个新兴事物，兴起的时间不长，很多朋友对爱情微电影的拍摄比较陌生。下面我们就对爱情微电影的拍摄进行详细说明，希望能帮助到大家。

9.2.1　需要与新人进行两次以上的交流沟通

　　爱情微电影不同于电影的拍摄，其主角是真实存在的新人，因此，要想在电影中表现出只属于新人的氛围情怀，需要对新人有足够的了解，并且要了解其个人保护得很好的较为隐秘的爱情经历，了解其对影片的想法。这些是摄像师需要掌握的第一手资料，因此沟通就成为了必备手段。

○ 第一次沟通

　　在此阶段，新人和摄像师都处于一个空白阶段，新人不知道怎么表现，对拍摄只有憧憬，没有想法，寄希望于摄像师；而摄像师则需要从新人这里获取第一手资料，其下的工作才能顺利进行。

　　在这个两难的阶段，摄像师可以初步拟定或者提供以往拍摄的多个不同风格的拍摄方案，由新人来选择比较中意的风格。这样，就使沟通进入到了实质性的阶段，了解到了客户的初衷，之后双方就可以在此基础上沟通更为细微的情节。

此刻最美的存在

● 准备多个不同风格的视频供新人选择：唯美风格

🔺 劲酷风格

🔺 浪漫风格

首先，要了解新人的爱情历程，挖掘其比较感人的细节或者难忘的情节、约会的地点，了解新人实际要表现的内容；其次，倾听新人的想法，了解新人的性格、习惯和喜欢的影片的感觉，与新人确定影片的风格；最后，初步确定新人的服装风格、拍摄地点和拍摄时间。

○ 定稿写出剧本

通过与新人的第一次沟通，确定了影片风格和拍摄的地点，并了解到新人的爱情故事，接下来就需要写出剧本了。可以根据新人提供的情节和信息，经过艺术的加工，写出初步的剧本，经剧组人员和摄像师的传看和讨论，修正剧本，去掉那些不能实现的情节，确定拍摄方案要，完善剧本。

▲ 剧组人员商讨剧本

○ 第二次沟通

剧本完成后，需要和新人进行第二次沟通。首先，请新人阅读剧本，为新人解读剧本，征求新人意见，当双方协商一致后，确定剧本。之后，需要和新人确定最终的拍摄地点和时间，并设计好着装和妆容。

○ 场地确认

与新人沟通完毕后，应邀请新人和参与摄像的剧组创作人员一同看场地。摄制组主创人员（摄像师、灯光师、导演）应就未来的工作进行提前沟通，设计拍摄方案，对拍摄手法、布光方式提前有所设计，以方便在进行置景、道具、化装、服装创作时，所有工作人员对电影的风格达成共识，统一创作思路。

9.2.2　制作分镜头脚本

分镜头脚本是摄像师进行拍摄、剪辑师进行后期制作的依据和蓝图，也是演员和所有创作人员领会导演意图，理解剧本内容，进行再创作的依据。分镜头脚本的写作方法是从电影分镜头剧本的创作中借鉴来的。一般按镜号、镜头运动、景别、时间长度、画面内容、广告语、音乐音响的顺序画成表格，分项填写。

○ 专业名词解析

镜号：即镜头顺序号，按组成画面的镜头先后顺序，用数字标出。它可作为某一镜头的代号。拍摄时不一定要按照顺序号拍摄，但编辑时必须要按顺序编辑。

机号：现场拍摄时，往往是用多部相机同时进行工作，机号代表这一镜头是由哪一部相机拍摄的。单机拍摄就无需标明。

景别：根据内容需要，情节要求，反映对象的整体或突出局部。一般有远景、全景、中景、近景和特写等。

○ 和新人确认分镜头

当制作好分镜头后，需要作为男、女主角的新人能充分理解分镜头脚本，以便能够更加配合剧组人员的工作，所以需要和新人确认分镜头，通过沟通，使其明白分镜头的含义，使摄制工作能顺利进行。

○ 根据场次分类列出器材和道具清单

当分镜头脚本制作完成后，应根据剧情需要列出道具清单。常用的道具有服装、自行车、花、气球、冰激凌、望远镜和桌椅等。如果拍摄现场无法满足拍摄需求，还需要搭建布景。摄像师应列出摄影器材清单，并检查试用摄影器材。灯光师要列出灯光清单，并检查灯光器材。

9.2.3　开始拍摄

当准备工作完成后，为了使光效达到预期效果，应通过天气预报了解当天的天气情况，做好相应的准备工作。在拍摄当日，提前到达拍摄场地，布置好灯光和收音设备后即可开拍。在拍摄时，除了摄像师和导演之外（通常摄像师兼任导演），还需要有灯光师、化妆师、造型师和助理等人员到场协助拍摄。

● 化妆师在拍摄现场为新人化妆

● 灯光师布置灯光

● 拍摄现场

◢ 摄像师找到合适的位置安置好相机

9.3　主题微电影

　　虽然爱情微电影所表现的都是爱情，但是电影的风格和主题不同，其表现的意境和氛围效果也不同。爱情微电影的表现形式多种多样，下面我们就来了解一下。

9.3.1　纯真浪漫

　　纯真浪漫是爱情中不可缺少的氛围，以此为主题的电影，要表现出两个人之间的感觉，奔放的动作、夸张的表情都可突出二人世界的纯真浪漫感。除此之外，还应着重于氛围的营造，具体可从以下几个方面来入手。

○ 环境

　　拍摄场景的环境表现的是两个人的活动空间，要表现浪漫的氛围，可选择草坪、花园、海边、影院、游乐场和咖啡馆等场景。这些场景无一不散发出清新、浪漫的气息，将恋人置于这些场景中，想不表现浪漫都难！当然，还需要在拍摄时进行精心布置。

◎ 浪漫的场景

○ 镜头

　　具备大光圈的镜头能够表现出很浅的景深效果，使主体突出，而背景形成柔美的虚化效果，特别有利于营造纯真浪漫的氛围。另外，使用长焦镜头也可以得到这种效果。

却让我们的爱更加坚定

▲ 具备大光圈的镜头拍摄出柔美的画面

○ 视角

　　纯真浪漫所散发出的是轻松、舒适、快乐的情绪，因此，平视角度最为适合。平视角度能够营造平稳、舒适、安定的画面氛围。另外，高角度俯拍、低角度仰拍会使画面的氛围更加活跃。

▲ 平视的角度营造出安逸的氛围

◎ 色调和色彩的搭配

　　在营造画面的氛围时，正确地还原事物色彩即可，也可以使画面稍稍偏于浅粉、黄、绿、蓝等色调，营造轻松欢快的氛围。在进行色彩搭配时，可以选择浅色系、果色系或者纯度高的色彩，营造纯真、浪漫的画面氛围。

⬆ 浅色、果色更能营造欢乐、纯真的氛围

◎ 服装

　　人物的服装可以选择浅色系、果色系，营造纯真、浪漫的画面氛围。在款式的选择上，小清新的风格、运动装、休闲装、时装都可以。

⬆ 人物的着装表现出了浪漫纯真的味道

◯ 道具

道具可以选择一些点睛之物，如花束、咖啡、汽水、气球、球类和船只等。

⏣ 毛绒玩具的运用，营造出纯真浪漫的情怀

◯ 后期建议

在进行后期编辑时，可以将影片的色调统一调成浅紫、浅蓝、浅绿、浅黄、浅粉色。在编辑时要强调画面的节奏感，所以在添加背景音乐时，要使用轻快、节奏感强的音乐。

⏣ 片段1

片段2　　　　　　　　　　　　　　　　　片段3

▲ 通过剪辑，表现出欢快的节奏感。稍稍偏色的画面营造出浪漫的氛围

9.3.2　文艺青春

　　以文艺青春为主题风格的微电影也是目前非常受欢迎的，在画面中透出的浓浓的文艺范儿、清新淡雅的风格，迎合了年轻人的小资品位。在拍摄时，人物的表情、动作应以沉稳、安静为主，避免过于张扬。下面我们就来具体了解一下其拍摄要领。

○ 环境

　　在环境的选择上，应满足以下条件：静谧、优美、色彩单一、书卷气浓郁。看到这里，你一定会说，最为合适的拍摄地点莫过于校园了！是的，校园是很合适的拍摄地点，但其实除了校园外，咖啡馆、花园、公园、干净整洁的房间都可以营造出文艺感的画面。

▲ 静谧而优雅的环境能够营造出文艺范儿

○ 镜头

　　文艺青春的主题更具有纪实的色彩，画面中，人与环境更为密切，因此，35mm的镜头必不可少，另外，50mm焦段的镜头和长焦镜头也是主力，用于拍摄近景、远景的画面，表现清新、唯美的韵味。

▲ 35mm镜头更能突出画面的纪实感

▲ 长焦镜头拍摄的画面唯美

○ 视角

在视角的表现上，应以水平视角为主，其他角度为辅，强调空间的透视感。

让所有的一切美好都有了意义

▲ 高角度拍摄表现出环境的清幽，画面的纵深感得到加强

我喜欢你在身边的安心

▲ 平视的角度使画面更平实，表现出纪实性

○ 色调和色彩的搭配

淡淡的青绿色调能够净化思绪，表现出静雅、清新感，营造出怀旧、深沉、纯美的情怀，进而突出文艺青春的主题。在设计服装、道具及化妆的色调时也应选择清新淡雅的色调，使用近似色、类似色进行搭配，切忌使用鲜艳、色彩纯度高、高对比度的色彩。

⬤ 淡青色调是首选

○ 服装

新人服装的款式应以简洁、大方为主，小清新、低调奢华风格的服装都是合适的，以增强画面中人物的内涵。新娘着裙装、风衣都可，注意男女服装的统一性。

⬤ 素雅、清新的服装令人物文艺范十足

○ 道具

在表现该题材时，书、自行车、桌椅、笔、花束、画架、画板都是很能应景的道具，突出文艺感。

⬤ 道具的运用，营造出画面的文艺气息

○ 后期建议

在后期编辑影片时，可以选择韵律感突出、清新风格的音乐作为背景配乐；将影片的色调调整为青蓝色，还可通过适当的调色来增强画面的怀旧感；在剪辑影片时，可以通过平滑的转场增强画面的舒缓程度，突出写实、抒情的意味。

⬤ 通过剪辑，表现出欢快的节奏感。稍稍偏色的画面营造出浪漫的氛围

9.3.3 记录生活点滴

记录新人的点滴生活，更具有纪念意义。以此为主题的拍摄，既可以表现浓郁的生活气息，也可以表现两小无猜的小清新风格，还可以表现恋人之间的私密感。可以说，该题材可表现的内容十分广泛，但是，要建立在纪实的基础之上。在拍摄之前，通过和新人沟通，确定好拍摄的时间（一天）和地点（新人家或外出游玩），以跟拍的形式来完成。所以，该题材所记录的画面更真实、更生活化，更能表现新人的真实生活状态。在拍摄此类题材时，摄像师将充当空气，不打扰新人，只作为一个记录者，表现的手法则需要临场发挥，如同拍摄婚礼一般。

○ 镜头

如果是在室内拍摄，而室内空间又不是很大，基本上长焦镜头就用不上了，广角镜头和标准镜头是主角。广角镜头可以增强画面的空间感，能突出主体；标准镜头主要用于人物的近景、特写拍摄。

如果在室外拍摄，那么长焦镜头就是最好地选择了，我们在远处跟拍即可，这样可以在不打扰到新人的情况下拍摄到更为自然的画面。

⬆ 35mm镜头更能突出画面的纪实感

⬆ 长焦镜头能够在户外跟拍时派上大用场

在视角的表现上，应更为灵活，以水平视角为主，其他角度为辅，表现生活的节奏感。

🔺 仰拍一组

⬤ 平拍情况1

⬤ 平拍情况2

⬆ 平拍情况3

⬆ 俯拍

色彩的搭配

需要控制进入画面中的色彩数量，3种左右为宜，过多的色彩有时会使画面显得杂乱。如果是表现日常生活中的画面，则可以采用对比色搭配或饱和度高的色彩，突出浓郁的生活气息。

⬥ 多彩的画面表现出浓郁的生活气息

服装

如果是表现新人在家里的日常生活，穿着可以随意一些，选择比家居服正式一些的服装比较合适，色彩以清新淡雅为主，以表现家居生活的轻松、舒适。如果在室外拍摄，则以新人日常生活的服装或者礼服为主，将服装色系控制在1种或2种内为宜。

⬥ 素雅、清新的服装令人物文艺范儿十足

道具

如果是在家中拍摄，道具可以是书、枕头、床、花瓶、桌椅、灯、电视、笔记本、碗筷等，以表现家居生活的随意。在户外拍摄的话，可以不选道具，必要时可视新人的活动、场地进行搭配。

◯ 后期建议

　　在后期编辑影片时，可发挥的空间更多，应本着因地制宜的原则进行操作。如在表现生活场景时，应突出画面节奏感的表现；在表现二人世界时，则应营造唯美、浪漫的情调；在表现户外活动时，则可营造小清新的氛围。

▲ 表现生活的欢快

▲ 户外景色使画面倍感清新

9.3.4　盛夏时光

夏天最为广泛的拍摄题材就是盛夏时光。在夏日，绿意盎然，生机勃勃，可以表现出凉爽、随意、舒适、热情奔放的情绪或者感受；既可以表现小院乘凉时的舒适，也可以表现大海的浪漫，还可以表现多彩的户外活动。

○ 环境

在拍摄此类题材时，可选择的场景很多，水边、公园、林荫道、庭院等。在夏季，户外光线强烈，如果在户外拍摄，光线也应是环境选择的一个条件，如果阳光强烈，应避免在裸露的阳光下拍摄。

⬤ 在夏天，海边是很好的拍摄场地

⬤ 夏日的庭院更能表现田园之美

○ 镜头和视角的选取

在镜头的选择上，全焦段镜头最为合适。如在拍摄外景时，广角镜头能够表现海阔天空的大场景，在林间小路拍摄时，长焦、广角都会用到；在庭院中拍摄时，标准镜头是最为合适的。

在视角的表现上，应以水平视角为主，其他角度为辅，强调空间的透视感。

⬤ 使用广角镜头能够得到大场景画面

○ 色调和色彩的搭配

在以海为主题的拍摄中，应以蓝色为主色调，并且服装、道具也应围绕蓝色进行配色；如果是在公园中拍摄，则应以绿色为主色调，服装、道具也应围绕绿色进行配色。

⬤ 以海蓝为主色调的配色：以蓝色大海为背景，新娘穿着白色的婚纱，新郎穿着浅蓝色的衬衫，画面清新、清爽

⬛ 以绿色为主色调的配色：背景绿色的树木占据了画面大部分，成为画面的主色调，与人物的白、蓝色服装相协调

○ 服装

在夏日，服装的选择余地是很大的，新娘可选择各类服装，从泳衣到礼服均可。但是应根据拍摄的环境来选择，如在海边拍摄，既可选择泳装也可穿着婚纱礼服，而在公园中拍摄，穿泳装就不合适了。

⬛ 新人身着礼服在建筑前拍摄

▲ 新人身着泳装在海边拍摄

○ 道具

　　如果在户外陆地上拍摄，道具可选择洋伞、花环、花束、自行车、摩托车等；如果在水边拍摄，道具可选择吊床、贝壳、水果、鲜花、沙滩桌椅、汽艇、游轮、小舟等。

▲ 这对新人在户外陆地拍摄时使用摩托车作为道具

◔ 在拍摄时，应根据实际情况来选择道具，并非一定要用到，有时不使用道具更容易获得自然的效果

◎ 前期拍摄建议

　　由于夏日光照强烈，如果不采取措施，在外景拍摄时很容易得到曝光过度、画面灰白、无层次的效果。因此，我们可通过在现场使用外拍灯或者反光板为人物补光，降低人物本身的光比表现，以及人物与背景的亮度比，这样，人物受光均匀、光线柔美，背景中的天空也会变得更加湛蓝，得到理想的画面效果。

◔ 在户外拍摄时使用反光板为人物暗部进行补光

9.3.5　相约在冬季

在冬季拍摄会有很多的限制。首先，气候寒冷，在外拍时要注意保暖；其次，在冬季，植物的绿叶早已不见，灰色是主色调，外拍时，色彩不丰富；再次，冬季多为阴天天气，较厚的云层使光线不通透，不利于表现立体感；还有就是在冬季，相机的电池电量会消耗很快……然而，这些也是冬季的独特之处，能表现出其他季节无法表现的氛围。另外，新年的喜庆、冰雪的景色更是冬季得天独厚的优势，能够营造出幸福、梦幻、唯美、童话般的氛围。

○ 环境

在外拍时，可选择有特色建筑的环境，以弥补冬季植物萧条的劣势；另外，应多关注天气预报，如果正巧赶上雪天，那真是再好不过了！

⬥ 以雪地为背景的画面

○ 色调和色彩的搭配

白色、青蓝色调会使冬季的韵味更浓；在色彩搭配时，人物服装、道具的色彩则可以丰富一些，以弥补冬季色彩少的缺憾；另外，还可通过大红色的布景来表现新年的喜庆氛围，而且还能与新人的喜事相映，使和美、喜庆的意味更浓。

⬢ 红色的玫瑰表现出温馨、暖融融的感觉

○ 服装

　　在室外拍摄时，可以选择厚实的冬装，可以是风衣、大衣、毛衣、羽绒服，这些服装会使冬季的韵味更浓；如果是在室内拍摄，则服装的选择余地更多，可以让新人穿些薄面料的衣服，如新娘可选择礼服、旗袍等服饰，以弥补外景拍摄时对着装的限制。

⬢ 外拍时新人穿着厚厚的服装，既保暖，又能表现出冬日情怀

○ 道具

可选择一些冬季特有的事物作为道具，如剪纸、春联、梅花、雪人、雪花、圣诞老人、圣诞树、圣诞帽等。另外，在拍摄夜景时，窗中透出的暖暖灯光、烛光更能营造温馨、浪漫的氛围。

⬤ 冬日夜景中闪光的树木为画面营造出温馨、浪漫的氛围

9.3.6　春天的故事

在春季，万物复苏，天空澄澈，气候宜人，植物开始萌发，大地蒙上了一层如烟的嫩绿，景色优美，十分适合外景拍摄。下面，我们来了解一下其拍摄细节。

○ 环境

在春季，桃花、樱花争相开放，一片花的海洋，因此在公园拍摄是不错的选择；也可以在空旷的野外拍摄，蓝天、绿草也是很入画的。另外，在小雨的天气里拍摄也是很有诗情画意的，需要注意的是，在拍摄前应做好器材的防水准备。

⬤ 初春在野外拍摄

⬤ 初春在公园拍摄

○ 色调和色彩的搭配

　　浅淡的色调更适合春天的主题，浅黄、浅粉、浅绿、浅蓝，都与春天萌动勃发的气质相吻合。色调的搭配也应以浅淡果色为主，能够营造清新典雅的氛围。

⏷ 嫩绿的色调表现出暖春的特点

○ 服装

新人的服装可以选择轻盈面料，表现轻盈舒爽的氛围。毛衣、T恤、小西装、长裙、风衣都是不错的选择。

⏷ 在春天，新人身着毛衣很合适

◯ 道具

风筝、气球、画架、自行车、花伞、鲜花、汽水等都是很好的衬景道具。

🔺 小零食成为男、女主人公交流的媒介

9.3.7　秋日时光

秋天是一个抒情的季节，同时也是一个变化很大的季节：大地从盛夏时的翠绿转变为金黄，再变为枯黄；气候也从温暖的舒爽天气逐渐变为秋雨淅沥、秋风萧瑟的一派寒凉景象。因此，在秋季拍摄时，一定要多关注天气，多看天气预报，根据天气状况来安排各项细节。

◯ 环境

要想表现秋高气爽的氛围，那么首先应选择一个好的天气，之后，可以选择那些由绿转为红黄色调的树木作为背景，表现金秋景色之下的美好画面。

如果想要表现秋雨时的浪漫，需要先选择一个小雨的天气，清冷的街道，夜幕下灯与积水的地面相互映照的景色也是非常适合渲染画面氛围的。在拍摄前应做好器材的防水准备。

在晚秋时节，萧瑟秋风将如影随形，会使画面更具动感，植物的色彩也已褪去，在这种环境中，则可选择在清晨、黄昏时拍摄，这样画面的色调会丰富许多，光影层次也很有表现力，从而表现出秋的美感，突出相携一生的主题。

▲ 选择金黄色的树木作为背景使画面更具情调

○ 色调和色彩的搭配

　　橘黄色调更能映衬秋日之景。在色彩的搭配上，可以通过服装、道具的有机搭配来丰富橘黄色调的表现，使画面的色调表现更立体、更有深度。如选择黄绿、橘黄、深褐、黄褐、红褐色的道具和服装来搭配。

▲ 新人服装的合理搭配，丰富了画面的色彩表现

◯ 服装

毛衣、风衣、毛呢类服装是此季节的首选，轻逸而又沉稳。

🔺 风衣、夹克是秋季较为合适的装扮

◯ 道具

雨伞、花束、枫叶、向日葵、插花、桌椅、长椅等都是不错的点睛道具。

🔺 白色栅栏、阔檐帽的合理利用，使画面更具看点

○ 后期建议

　　在后期编辑影片时，可以通过调色使画面的秋意更浓；在背景音乐中加入怀旧情调的歌曲，为画面注入灵魂；在剪辑时，可以表现舒缓的画面氛围，表现秋日的静美；在调整画面的色调时，可以将画面的色调调成偏于黄褐色的色调。

🔺 金黄色调的影片，使秋意更浓